초등수학
핵심 용어

교과서가 뚫린다 2

초등 수학 핵심 용어

초판 1쇄 발행 2015년 1월 15일 | **초판 2쇄 발행** 2020년 5월 27일

글 함기석 | **그림** 최진규

펴낸이 김명희

책임편집 이정은 | **디자인** 송태규

펴낸곳 다봄

등록 2011년 1월 15일 제395-2011-000104호

주소 서울시 광진구 아차산로 51길 11, 4층

전화 070-4117-0120

팩스 0303-0948-0120

전자우편 dabombook@hanmail.net

ISBN 979-11-85018-20-1 64410

ISBN 979-11-85018-19-5 (세트)

ⓒ 함기석 2015

이 도서의 국립중앙도서관 출판시도서목록(CIP)은 서지정보유통지원시스템 홈페이지(http://seoji.nl.go.kr)와
국가자료공동목록시스템(http://www.nl.go.kr/kolisnet)에서 이용하실 수 있습니다. (CIP제어번호: CIP2014038145)

＊책값은 뒤표지에 표시되어 있습니다.

＊파본이나 잘못된 책은 구입하신 곳에서 바꿔 드립니다.

품명 아동 도서 **사용연령** 8세 이상 **제조국** 대한민국 **제조년월** 2020년 5월 27일 **제조자명** 다봄 **연락처** 070-4117-0120
주소 서울시 광진구 아차산로 51길 11, 4층
주의사항 종이에 베이거나 긁히지 않도록 조심하세요. 책 모서리가 날카로우니 던지거나 떨어뜨리지 마세요.
KC마크는 이 제품이 공통안전기준에 적합하였음을 의미합니다.

교과서가
뚫 린 다
0 0 2

초등 수학
핵심 용어

함기석 글 | 최진규 그림

다봄.

차례

3장

측정

수학을 사랑하는 마음의 싹을 틔우기 위하여

수학 공부를 재미있고 효율적으로 하기 위해서는 수학의 숲, 즉 수학의 전체 구조를 파악하는 게 중요해요. 세계 지도를 펼쳐놓고 아시아, 아프리카, 유럽, 남아메리카, 북아메리카, 오세아니아 등으로 구분하고 각각의 대륙에 속한 나라와 수도와 산맥들을 익히는 것처럼 수학의 전체 지형도를 익히면 수학 공부가 편해져요. 그러니까 문제 풀이에만 매달릴 게 아니라 가끔은 하늘 높이 떠 가는 비행기에서 아래를 한눈에 내려다보는 것처럼 수학이라는 거대한 숲을 바라봐야 해요.

또한 수학의 각 단원 사이의 연관 관계와 흐름을 파악하는 것도 중요해요. 저학년 때 배운 기초 개념들이 고학년으로 올라가면서 어떻게 응용되고 깊어지는지를 알면 수학 공부가 한결 쉬워져요. 산속의 작은 옹달샘에서 흘러나온 물들이 계곡과 강을 거쳐 바다로 흘러드는 것처럼 수학도 작은 부분들이 모여서 전체를 이루어요. 초등 수학은 수와 연산, 도형, 측정, 확률과 통계, 규칙성과 문제 해결 등 다섯 영역으로 나누어져 있어요. 영역별로 구분되어 있긴 하지만 각각의 단원이 형제자매처럼 긴밀하게 연결되어 있는 한 가족이라는 사실을 잊지 마세요.

수학의 전체 구조와 단원들 사이의 연관 관계를 파악하기 위해서는 각 단원마다 등장하는 수학 용어와 기호의 의미를 정확히 이해해야 해요. 수학을 어려워하는 친구들이 많은데 그 이유는 대부분 용어에 대한 정확한 이해 부족 때문이에요. 기본이 확실히 세워지지 않은 상태에서 어려운 문제를 반복적으로 풀기 때문에 수학이 점점 싫어지고 지겨워지는 거예요.

수학은 개념 이해를 바탕으로 그 개념이 응용된 문제를 푸는 과목이에요. 문제 풀이 과정에서 문제 해결을 위한 사고력과 논리력이 발달되고 창의력 또한 길러져요. 따라서 각각의 용어에 담긴 뜻을 근본적으로 이해하는 게 가장 중요해요. 수학 용어들의 의미와 사용법을 정확히 이해하여 누군가에게 설명할 수 있을 정도가 되면, 학년이 올라갈수록 수학은 점점 더 재미있어질 거예요. 수학은 단계의 학문이니까요.

이런 생각에서 저는 이 책을 쓰게 된 거예요. 지금 당장 수학 점수가 잘 나오는 것보다 수학을 좋아하는 마음, 수학을 사랑하는 마음의 싹을 틔우는 게 중요해요. 이 책이 여러분의 마음에 그런 싹을 틔우는 작은 씨앗이 되었으면 좋겠어요.

2015년 1월

함기석

1장 수와 연산

수는 수학의 근본이에요. 그런 수와 수 사이에는 어떤 관계가 만들어질까요? 사람과 사람이 만나 친구가 되고 연인이 되고 부부가 되는 것처럼 수들도 서로 만나서 더하거나 빼거나 곱하거나 나누는 관계를 만들어요.

수들의 그런 여러 작용을 통틀어 연산演算이라고 해요. 즉, 연산은 수나 식을 일정한 규칙에 따라 계산하는 것을 말해요. 연산 기호를 사용해서 나타내지요. 이때 사용되는 연산 기호의 종류에 따라 계산 순서나 방법의 규칙이 정해지는데 대표적인 연산 기호가 덧셈 기호+, 뺄셈 기호-, 곱셈 기호×, 나눗셈 기호÷예요. 이 4가지 기호를 사용하는 연산이 바로 사칙연산이에요.

수 數 number와 숫자 digit
물건의 많고 적음을 나타내는 개념 / 수를 표현하는 기호

수가 뭐냐고 질문을 하면 보통 "1, 2, 3······."이라고 대답해요. 하지만 1, 2, 3은 수가 아니라 숫자예요. 수와 숫자는 달라요. 수는 눈으로 볼 수도 만질 수도 없는 머릿속 생각, 즉 개념이에요. 수는 물건의 많고 적음을 나타내는 개념이고, 그 개념을 눈에 보이도록 만들어낸 기호가 숫자예요.

예를 들어 사과가 하나 있다고 할 때, 사과 '하나'라는 생각은 수고, 그 생각을 눈에 보이도록 나타낸 '1'이라는 기호가 숫자예요.

최초의 숫자는 세계의 4대 문명 발생지 중 하나인 메소포타미아 지역에 살던 수메르 인들의 쐐기 문자라고 여겨지고 있어요. 모양이 쐐기 같다고 해서 쐐기 문자라고 불러요.

자연수 自然數 natural number

1부터 시작해서 1씩 더해 만들어지는 수

자연수는 1부터 시작해서 1씩 더해 만들어지는 수예요. 1, 2, 3, 4처럼 우리가 일상생활에서 가장 흔히 사용하는 수로 홀수와 짝수로 되어 있어요. 2로 나누었을 때 나누어떨어지는 수는 짝수, 나누어떨어지지 않는 수는 홀수예요. 예를 들어 2, 4, 6, 8 등은 2로 나누어떨어지므로 짝수고, 3, 5, 7, 9 등은 2로 나누어떨어지지 않으므로 홀수예요.

양수 陽數 positive number와
음수 陰數 negative number

0보다 큰 수 / 0보다 작은 수

0보다 큰 수를 양수, 0보다 작은 수를 음수라고 해요. 음수는 뺄셈*을 하기 위해서 생겨난 수예요. 원래의 수보다 빼야 할 수가 더 클 경우 음수가 꼭 필요해요.

양수는 기호가 +플러스인데, 보통 생략해요. +1, +2, +3로 쓰지 않고 그냥 1, 2, 3이라고 쓰는 거예요. 음수는 기호가 −마이너스인데, 숫자 앞에 붙여서 −1, −2, −3으로 표시해요. 만약 마이너스 기호를 생략하면 양수인지 음수인지 알 수 없겠지요?

* 뺄셈 ○ 21쪽

분수 分數 fraction

전체 속의 부분을 나타내거나 나눗셈의 몫을 나타내는 수

분수는 전체 속의 부분을 나타내는 수예요. 예를 들어 '사과 반쪽', '사과 다섯 개 중 두 개' 같은 것을 분수로 나타낼 수 있어요. 사과 반쪽을 분수로 나타내려면 $\frac{1}{2}$이라고 표시하고 '이분의 일'이라고 읽어요. 전체를 둘2로 똑같이 나눈 것 중 하나1라는 의미예요. 이때 아래에 있는 2를 분모分母, 위에 있는 1을 분자分子라고 해요. 그러니까 분수의 분모는 전체를, 분자는 부분을 나타내는 거예요.

사과 다섯 개 중 두 개는 어떻게 표현할까요? 전체인 5가 분모의 자리인 아래로, 부분인 2가 분자의 자리인 위로 올라가서 $\frac{2}{5}$로 표시해요.

분수는 나눗셈의 몫을 표현하기도 해요. 8을 2로 나눈 몫은 $\frac{8}{2}$과 같이 나타낼 수 있어요.

$\frac{8}{2}$은 8÷2의 몫, 즉 4를 의미해요.

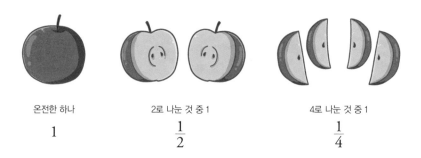

온전한 하나	2로 나눈 것 중 1	4로 나눈 것 중 1
1	$\frac{1}{2}$	$\frac{1}{4}$

진분수 眞分數 proper fraction
분자가 분모보다 작은 분수

진분수는 진짜 분수, 즉 분자가 분모보다 작은 분수예요. 진眞은 '참'
이라는 뜻이에요. 예를 들어 $\frac{1}{2}$, $\frac{2}{3}$, $\frac{3}{4}$, $\frac{4}{7}$ 등은 모두 분자가 분모보다 작
으므로 진분수예요.

가분수 假分數 improper fraction
분자가 분모보다 크거나 같은 분수

가분수는 가짜 분수, 즉 분자가 분모보다 크거나 같은 분수예요. 가假
는 '거짓'이라는 뜻이에요. 예를 들어 $\frac{5}{2}$, $\frac{3}{3}$, $\frac{4}{3}$, $\frac{7}{5}$ 등은 모두 분자가 분모
보다 크거나 같으므로 가분수예요.

대분수 帶分數 mixed fraction
정수와 분수가 혼합되어 있는 분수

대분수는 정수*와 분수가 혼합되어 있는 분수예요. 대帶에는 '데리고
다니다'라는 뜻이 있어요. 즉, 분수가 정수를 데리고 다닌다는 뜻에서
붙은 이름이에요. 예를 들어 $1\frac{2}{3}$, $4\frac{2}{7}$, $8\frac{1}{5}$ 등은 모두 정수와 분수가 혼합
되어 있으므로 대분수예요.

* 정수 ● 143쪽

기약분수 既約分數 irreducible fraction
더 이상 약분할 수 없는 분수

기약분수는 이미既 약분*이 되어서 더 이상 약분할 수 없는 분수를 말해요. 약분은 분자와 분모를 같은 수로 나누는 거예요. 예를 들어 $\frac{1}{3}$, $\frac{4}{5}$, $\frac{2}{7}$, $\frac{3}{10}$ 등은 더 이상 약분할 수 없으므로 기약분수예요.

* 약분 ○ 28쪽

단위분수 單位分數 unit fraction
분자가 1인 분수

단위분수는 분자가 1인 분수를 말해요. 단單은 '하나'라는 뜻이에요. 예를 들어 $\frac{1}{2}$, $\frac{1}{3}$, $\frac{1}{4}$, $\frac{1}{5}$ 등은 모두 분자가 1이므로 단위분수예요.

분수의 종류

$\frac{4}{6}$	$\frac{3}{2}$	$5\frac{1}{2}$	$\frac{2}{3}$	$\frac{1}{4}$
진분수	가분수	대분수	기약분수	단위분수

소수 小數 decimal

소수점을 사용하여 나타내는, 0보다 크고 1보다 작은 수

소小는 '작다'라는 뜻으로, 소수는 '작은 수'를 뜻해요. 소수는 일의 자리보다 작은 자릿값을 가진 수를 나타내기 위해 만들어진 수예요. 즉, 0.1, 0.2, 0.3, 3.14,……와 같이 0보다 크고 1보다 작은 수로, 분수를 십진법*에 맞게 표현한 수가 소수예요.

소수에서는 소수 부분과 정수* 부분을 구별하기 위해 1.2처럼 숫자 1과 2사이에 점을 찍어 표시하는데 이 점을 소수점이라고 해요. 소수점은 1보다 큰 부분과 1보다 작은 부분을 구분해 주는 중요한 역할을 해요.

자연수*는 왼쪽으로 갈수록 10배씩 커지지만, 소수는 소수점을 기준으로 오른쪽으로 갈수록 $\frac{1}{10}$씩 작아져요.

* **십진법** ● 140쪽   * **정수** ● 143쪽   * **자연수** ● 13쪽

유한소수 有限小數 terminating decimal
소수점 아래의 숫자 개수가 유한 개인 소수

유한有限은 '한계가 있다.'라는 뜻이에요. 그러니까 유한소수는 한계가 있는 소수, 즉 소수점 아래의 숫자의 개수가 유한 개인 소수예요.

예를 들어 0.5, 8.1234 같은 소수가 유한소수예요.

유한소수의 예

0.3	0.15	6.376542
8.9	9.27	17.23856915
⋮	⋮	⋮

무한소수 無限小數 infinite decimal
소수점 아래의 숫자 개수가 무한 개인 소수

무한無限은 '한계가 없다.'라는 뜻이에요. 유한소수와 달리, 무한소수는 소수점 아래의 숫자가 무한 개인 소수예요.

예를 들어 3.14159265358979……와 같은 소수가 무한소수예요.

무한소수의 예

0.87643785924 ……
0.456456456456 ……

순환소수 循環小數 repeating decimal

소수점 아래에 일정한 숫자가 끝없이 되풀이되는 소수

    소수점 아래의 어떤 자리에서부터 일정한 숫자가 끝없이 되풀이되는 소수가 있어요. 그런 소수를 순환소수라고 해요. 순환循環은 똑같은 것이 계속해서 반복된다는 의미예요. 예를 들어, 0.3333333…, 0.47474747…, 0.2363636… 등은 모두 순환소수예요. 그리고 이 순환소수에서 숫자의 배열이 되풀이되는 한 부분을 순환마디라고 해요. 순환소수 0.3333333…에서는 3이 순환마디고, 0.272727…에서는 27이 순환마디고, 0.2363636…에서는 36이 순환마디예요.

덧셈 addition
수를 합하는 계산법

덧셈은 수를 합하는 계산법이에요. 덧셈을 할 때는 더하는 숫자들의 위치를 바꾸어도 결과가 같아요. 숫자를 더해서 10보다 커지면 그 윗자리로 받아 올림 해야 해요. 어떤 수든 0을 더하면 그 수 자신이 되지요. 예를 들어, 7+0=7처럼 처음 값이 변하지 않아요. 덧셈은 +기호를 사용해요.

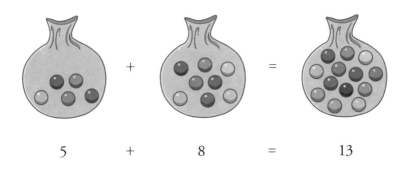

5   +   8   =   13

뺄셈 subtraction
수를 덜어 내는 계산법

뺄셈은 수를 덜어 내는 계산법이에요. 뺄셈은 − 기호를 사용하는데, 뺄셈을 할 때는 원래의 수와 빼려는 수의 위치를 바꾸면 결과가 달라지기 때문에 마음대로 순서를 바꾸면 안 돼요. 예를 들어, 9에서 5를 뺄 때 9−5처럼 계산해야지 순서를 바꾸어 5−9처럼 계산하면 안 돼요.

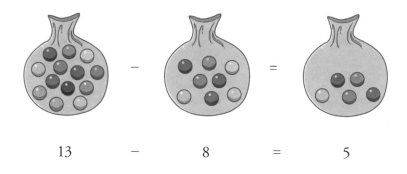

13   −   8   =   5

원래의 수보다 빼려는 수가 더 클 때는 큰 수에서 작은 수를 뺀 후에 음수를 나타내는 − 기호를 붙여요. 어떤 수든 0을 빼면 그 수 자신이 되지요. 예를 들어, 7−0=7처럼 처음 값이 변하지 않아요.

뺄셈은 덧셈과 서로 거꾸로 하는 계산, 즉 역산이에요. 예를 들어 2+3=5라는 덧셈은 2=5−3이라는 뺄셈으로 바꿀 수 있어요.

곱셈 multiplication

여러 번의 덧셈을 짧게 줄인 계산법

어떤 수를 여러 번 더해야 할 때 덧셈* 대신 곱셈을 사용해요. 즉, 곱셈은 여러 번의 덧셈을 짧게 줄인 계산법이에요. 곱하는 수는 몇 번을 더했는지를 뜻해요. 어떤 수에 1을 곱하는 것은 1번 더한다는 뜻이고, 2를 곱하는 것은 2번 더한다는 뜻이에요.

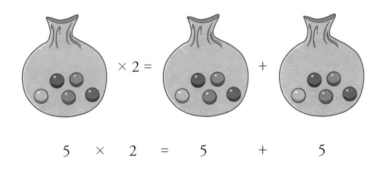

$$5 \quad \times \quad 2 \quad = \quad 5 \quad + \quad 5$$

곱셈은 곱하는 숫자들의 위치를 바꾸어도 결과가 같아요. 예를 들어, 5×9와 9×5의 결과가 같아요. 그리고 어떤 수든 0을 곱하면 0이 되고, 1을 곱하면 그 수 자신이 돼요. 즉, 9×0=0이고, 9×1=9예요. 곱셈은 × 기호를 사용해요.

* 덧셈 ● 20쪽

나눗셈 division

여러 번의 뺄셈을 짧게 줄인 계산법

어떤 수를 여러 번 빼야 할 때 뺄셈˚ 대신 나눗셈을 사용해요. 즉, 나
눗셈은 여러 번의 뺄셈을 짧게 줄인 계산법이에요. ÷ 가 나눗셈의 기호
예요. 예를 들어 20÷5=4 라는 나눗셈은 20에서 5를 4번 빼면 0이 된다
는 의미예요. 이때 4는 몫이라고 해요. 그리고 여러 번 뺐을 때 0이 되면
'나누어떨어진다'고 해요.

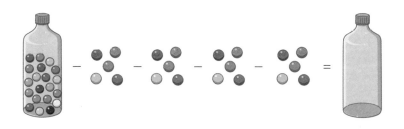

그런데 20에서 6은 몇 번 뺄 수 있을까요? 20에서 6은 3번 뺄 수 있어
요. 그리고 2가 남아요. 나누어떨어지지 않는 거예요. 이때는 3을 몫, 2
를 나머지라고 해요.

덧셈과 뺄셈이 서로 역산 관계인 것처럼, 곱셈과 나눗셈도 서로 역산
관계예요. 20÷4=5라는 나눗셈은 20=5×4로 바꿀 수 있어요.

˚ 뺄셈 ○ 21쪽

약수 約數 divisor

어떤 수를 나누어떨어지게 하는 수

어떤 수를 나누어떨어지게 하는 수를 그 수의 약수라고 해요. 예를 들어 6은 1×6 또는 2×3처럼 6보다 작거나 같은 자연수들의 곱으로 표시할 수 있어요. 이때 사용된 자연수° 1, 2, 3, 6이 바로 6의 약수예요. 소수°는 약수가 1과 자기 자신뿐이에요.

° **자연수 ⊙** 13쪽　　° **소수 ⊙** 150쪽

공약수 公約數 common divisor

둘 이상의 자연수에 공통으로 들어 있는 약수

공약수는 둘 이상의 자연수에 공통으로 들어 있는 약수예요. 만약 어떤 두 수를 동시에 나누어떨어지게 하는 수가 있다면, 그것이 두 수의 공약수예요. 1은 모든 수를 나누어떨어지게 하니까 모든 수들의 공약수예요.

최대공약수 最大公約數
greatest common divisor

공약수들 중 가장 큰 수

공약수들 중에서 가장 큰 수를 최대공약수라고 해요. 예를 들어, 6은 1×6 또는 2×3으로 표시할 수 있으므로 1, 2, 3, 6이 약수이고, 12는 1×12, 2×6, 3×4로 표시할 수 있으므로 1, 2, 3, 4, 6, 12가 약수예요. 이 중 1, 2, 3, 6은 6과 12의 공통된 약수이므로 공약수이고, 가장 큰 6이 최대공약수예요.

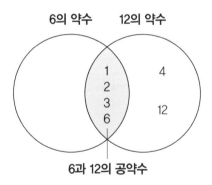

배수 倍數 multiple

어떤 수를 1배, 2배, 3배, …… 한 수

어떤 수를 1배, 2배, 3배, …… 한 수를 어떤 수의 배수라고 해요. 배倍는 '곱절로 늘인다'는 뜻이에요. 만약 자연수 2를 곱절로 반복해 늘이면 2, 4, 6, 8, 10, …… 같은 2의 배수들이 만들어져요. 1의 배수는 모든 자연수*가 되고, 어떤 수의 배수 중 가장 작은 수는 자기 자신이 되겠지요?

* 자연수 ● 13쪽

공배수 公倍數 common multiple

둘 이상의 자연수에 공통으로 들어 있는 배수

공배수는 둘 이상의 자연수에 공통으로 들어 있는 배수예요. 예를 들어 4의 배수는 4, 8, 12, 16, 20, 24, 28, 32, 36, ……이고 6의 배수는 6, 12, 18, 24, 30, 36, 42, ……이에요. 이 중 12, 24, 36은 4와 6 모두의 배수이므로 공배수예요.

최소공배수 最小公倍數
least common multiple
공배수들 중 가장 작은 수

공배수 중에서 가장 작은 수를 최소공배수라고 해요. 어떤 두 자연수의 배수는 끝없이 많고, 공통인 공배수도 무수히 많아요. 그렇기 때문에 두 자연수의 공배수들 중에서 가장 큰 최대공배수는 알 수가 없어요. 그래서 공배수에서는 최소공배수라는 말만 쓰는 거예요.

예를 들어, 4의 배수는 4, 8, 12, 16, 20, 24, 28, 32, 36, ……이고, 6의 배수는 6, 12, 18, 24, 30, 36, ……이므로, 4와 6의 공배수는 12, 24, 36, ……이고 최소공배수는 12예요.

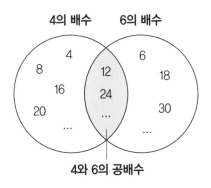

4의 배수 4, 8, 12, 16, 20, 24, 28, …
6의 배수 6, 12, 18, 24, 30, 36, …

약분 約分 reduction of fraction

분수의 분모와 분자를 작게 줄이는 것

약분이라는 말에서 약約은 '줄인다'는 뜻이고, 분分은 '분수'를 나타내요. 즉, 약분은 분수˙의 분모와 분자를 작게 줄이는 것을 뜻해요. 예를 들어, $\frac{2}{6}$를 약분한다는 것은 분자와 분모를 모두 2로 나누어 $\frac{1}{3}$로 줄이는 거예요. 이때 나누는 수는 분자와 분모를 모두 나누어떨어지게 하는 수인 공약수˙여야 해요. 특히 더 이상 줄일 수 없을 때까지 분수를 약분하기 위해서 분자와 분모의 최대공약수˙로 나누어야 해요.

약분을 해도 분모, 분자의 숫자만 줄어들 뿐 분수의 크기 자체는 변함이 없어요. 그럼 크기는 그대로인데 왜 분모와 분자의 숫자를 줄일까요? 숫자가 줄어들면 계산이 편리해지기 때문이에요.

$$\frac{2}{6} \xrightarrow[\substack{\text{분자와 분모를}\\\text{같은 수로 나눔}}]{} \frac{2\div2}{6\div2} = \frac{1}{3}$$

$$\frac{4}{8} \xrightarrow[\substack{\text{분자와 분모를}\\\text{같은 수로 나눔}}]{} \frac{4\div2}{8\div2} = \frac{2\div2}{4\div2} = \frac{1}{2}$$

˙ 분수 ◐ 14쪽   ˙ 공약수 ◐ 24쪽   ˙ 최대공약수 ◐ 25쪽

통분 通分 reduction to common denominator
분모가 다른 두 개 이상의 분수의 분모를 같게 만드는 것

통분은 분모가 다른 두 개 이상의 분수의 분모를 같게 만드는 것이에요. 통분을 거쳐서 같아진 분모를 공통분모라고 해요. 통분을 위해서는 분모들의 공배수˝를 찾아서 공배수를 만드는 수를 분자와 분모에 곱하면 돼요.

예를 들어 $\frac{1}{3}$과 $\frac{3}{4}$을 통분하려면 분모인 3과 4의 공배수를 먼저 찾아야 해요.

$$3 \times 1 = 3 \qquad 4 \times 1 = 4$$
$$3 \times 2 = 6 \qquad 4 \times 2 = 8$$
$$3 \times 3 = 9 \qquad 4 \times 3 = 12$$
$$3 \times 4 = 12 \qquad 4 \times 4 = 16$$
$$\vdots \qquad\qquad \vdots$$
$$\frac{1 \times 4}{3 \times 4} = \frac{4}{12} \qquad \frac{3 \times 3}{4 \times 3} = \frac{9}{12}$$

3과 4의 공배수는 12, 24, 48, ……이 있지만, 통분할 때는 이 중 가장 작은 최소공배수˝를 분모로 해야 계산이 편리해져요.

˝ 공배수 **○** 26쪽 ˝ 최소공배수 **○** 27쪽

분수의 덧셈

분수끼리 더하는 것

    분모가 같은 분수의 덧셈은 분자끼리 계산하면 돼요. 만약 대분수[*]나 정수[*]라면 먼저 가분수[*]로 바꾼 다음에 분자끼리 더해요. 분모가 다른 분수의 덧셈은 먼저 분모를 통분[*]해서 공통분모로 같게 만든 후에 분자끼리 더해요. 덧셈이 끝난 후에는 약분[*]해서 기약분수[*]로 만들면 돼요.

$$\frac{2}{3} + 1\frac{1}{4} = \frac{2}{3} + \frac{4+1}{4}$$ 대분수를 가분수로 바꿔요.

$$= \frac{8}{12} + \frac{15}{12}$$ 분모를 공통분모인 12로 통분해요.

$$= \frac{8+15}{12}$$ 분자끼리 더해요.

$$= \frac{23}{12}$$ 가분수를 대분수로 나타내요.

$$= 1\frac{11}{12}$$

* 대분수, 가분수 ○ 15쪽　　* 정수 ○ 143쪽　　* 통분 ○ 29쪽　　* 약분 ○ 28쪽　　* 기약분수 ○ 16쪽

분수의 뺄셈

분수끼리 빼는 것

    분모가 같은 분수의 뺄셈은 분자끼리 계산하면 돼요. 만약 대분수나 정수라면 먼저 가분수로 바꾼 다음에 계산해요. 분모가 다른 분수의 뺄셈은 먼저 분모를 통분해서 같게 만든 후에 계산해요. 뺄셈이 끝난 후에는 약분해서 기약분수로 만들면 돼요.

$$1\frac{2}{3} - \frac{3}{5} = \frac{3+2}{3} - \frac{3}{5}$$ 대분수를 가분수로 바꿔요.

$$= \frac{25}{15} - \frac{9}{15}$$ 분모를 공통분모인 15로 통분해요.

$$= \frac{25-9}{15}$$ 분자끼리 빼요.

$$= \frac{16}{15}$$ 가분수를 대분수로 나타내요.

$$= 1\frac{1}{15}$$

분수의 곱셈

분수끼리 곱하는 것

분수의 곱셈은 분모는 분모끼리, 분자는 분자끼리 곱하면 돼요. 만약 대분수˙나 정수˙라면 먼저 가분수˙로 바꾼 다음에 계산해요. 그 뒤에 계산 결과를 가지고 약분˙을 해서 기약분수˙로 만들어요. 혹은 계산하기 전에 먼저 약분해도 돼요. 한 분수의 분자와 분모를 약분할 수도 있고, 두 분수의 분자와 분모를 서로 엇갈려서 약분할 수도 있어요.

$$1\frac{1}{2} \times \frac{2}{3} = \frac{2+1}{2} \times \frac{2}{3}$$ 대분수를 가분수로 바꿔요.

$$= \frac{3 \times 2}{2 \times 3}$$ 분모는 분모끼리, 분자는 분자끼리 곱해요.

$$= \frac{6}{6}$$ 분자와 분모를 약분해요.

$$= 1$$

˙대분수, 가분수 **◑** 15쪽   ˙정수 **◑** 143쪽   ˙약분 **◑** 28쪽   ˙기약분수 **◑** 16쪽

분수의 나눗셈

분수를 분수로 나누는 것

분수의 나눗셈은 나누는 분수의 분자와 분모를 바꾸어서 곱하면 돼요. 만약 대분수나 정수라면 먼저 가분수로 바꾼 다음에 계산해요. 그 뒤에 계산 결과를 가지고 약분을 해서 기약분수로 만들어요. 혹은 곱하기 전에 먼저 약분해도 돼요. 한 분수의 분자와 분모를 약분할 수도 있고, 두 분수의 분자와 분모를 서로 엇갈려서 약분할 수도 있어요.

$$1\frac{1}{3} \div \frac{1}{2} = \frac{3+1}{3} \div \frac{1}{2} \quad \text{대분수를 가분수로 바꿔요.}$$

$$= \frac{4}{3} \times \frac{2}{1} \quad \text{두 번째 분수의 분모와 분자를 바꿔서 곱해요.}$$

$$= \frac{4 \times 2}{3 \times 1} \quad \text{분모는 분모끼리, 분자는 분자끼리 곱해요.}$$

$$= \frac{8}{3} \quad \text{가분수를 대분수로 나타내요.}$$

$$= 2\frac{2}{3}$$

분수를 소수로 나타내기

분수를 크기가 같은 소수의 형태로 바꾸는 것

수의 크기는 변하지 않으면서 분수를 소수로 나타낼 수 있어요. 분수를 소수로 나타내는 방법에는 두 가지가 있는데, 하나는 분모를 10, 100, 1000 등으로 만드는 방법이에요. 분모에 어떤 수를 곱해서 10, 100, 1000 등으로 고친 다음, 분모에 곱한 수와 같은 수를 분자에 곱해요. 그러고는 소수로 바꾸는 거예요. 두 번째 방법은 분자로 분모를 나누는 방법이에요. 예를 들어 $\frac{2}{5}$를 소수로 나타내 보아요.

① 분모를 10, 100, 1000 등으로 만들기 : 분모 5에 2를 곱하면 10을 만들 수 있어요. 분자 2에도 분모에 곱한 것과 똑같이 2를 곱해 준 다음 소수로 나타내요.

$$\frac{2}{5} \rightarrow \frac{2 \times 2}{5 \times 2} = \frac{4}{10} = 0.4$$

② 분자를 분모로 나누기 : 분자 2를 분모 5로 나누면 소수로 나타낼 수 있어요. 나누어떨어지지 않는 경우, 무한소수˚로 나타내면 돼요.

$$\frac{2}{5} \rightarrow 2 \div 5 = 0.4$$

˚ 무한소수 **O** 18쪽

소수를 분수로 나타내기
소수를 크기가 같은 분수의 형태로 바꾸는 것

분수를 소수로 나타낼 수 있는 것처럼, 소수도 분수로 나타낼 수 있어요. 소수를 분수로 나타낼 때에는 우선 소수점 아래의 자릿수에 따라 분모를 10, 100, 1000 등으로 바꾸어요. 만약 소수점 아래 첫째 자리까지 있는 소수면 분모는 10, 둘째 자리까지 있는 소수면 분모는 100, 셋째 자리까지 있는 소수면 분모는 1000이 되는 거예요. 그런 다음, 소수점 아래의 수를 분자로 하면 돼요.

예를 들어 0.3은 소수점 아래 첫째 자리까지 있으므로 분수로 고치면 분모는 10이고 분자는 소수점 아래의 수인 3이에요.

$$0.3 = \frac{3}{10}$$

0.537은 분수로 바꾸면 분모는 1000이에요. 소수점 아래 셋째 자리까지 있으니까요. 그리고 분자는 537이에요.

$$0.537 = \frac{537}{1000}$$

만약 소수점 앞에도 수가 있는 소수면, 그 수를 그대로 분수 옆에 붙여서 대분수로 만들면 돼요.

$$6.59 = \frac{659}{100} = 6\frac{59}{100}$$

소수의 덧셈

둘 이상의 소수를 더할 때 가장 중요한 것은 소수점을 맞추는 거예요. 자연수를 더하는 것처럼 더하면 틀린 답이 나올 수 있어요. 소수의 덧셈을 할 때에는 소수점을 기준으로 하여 소수점 윗자리 숫자끼리 더하고, 소수점 아랫자리 숫자끼리 더하는 거예요.

$$12.3 + 8.5 = 20.8$$

소수의 덧셈을 할 때는 세로 셈이 더 편해요. 세로 셈을 할 때에는 소수점에 맞춰서 숫자를 써요. 예를 들어 4.53과 10.2를 세로 셈으로 더해 봐요. 아래의 두 식에서 왼쪽의 식은 틀린 거예요. 소수점에 맞춰서 숫자를 쓴 오른쪽 식이 맞아요.

$$\begin{array}{r} 4.53 \\ +\ 10.2 \\ \hline \end{array} \ (\times) \qquad \begin{array}{r} 4.53 \\ +\ 10.20 \\ \hline 14.73 \end{array} \ (\bigcirc)$$

만약 소수점 아래 숫자끼리 더했을 때 마지막 숫자가 0이 되면, 0은 생략해요.

$$\begin{array}{r} 3.64 \\ +\ 5.16 \\ \hline 8.80 \end{array}$$

36

소수의 뺄셈

소수끼리 빼는 것

　둘 이상의 소수를 뺄 때에도 소수점을 맞추는 것이 가장 중요해요. 소수의 덧셈을 할 때와 마찬가지로, 소수의 뺄셈을 할 때에도 소수점을 기준으로 하여 소수점 윗자리 숫자끼리 빼고, 소수점 아랫자리 숫자끼리 빼는 거예요.

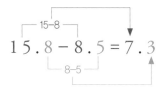

　소수의 뺄셈을 할 때에도 세로 셈이 더 편해요. 세로 셈을 할 때에는 소수점에 맞춰서 숫자를 써요. 예를 들어 12.5에서 6.23을 세로 셈으로 빼 봐요. 소수점 아래의 0.5에서 0.23을 빼면 0.27이 되고, 소수점 위의 12에서 6을 빼면 6이 돼요. 이때 12.5는 소수점 둘째 자리의 숫자가 없으므로 자연수의 뺄셈을 할 때처럼 소수점 첫째 자리에서 받아 내림을 한 다음 빼요.

$$
\begin{array}{r}
12.5 \\
-\ 6.23 \\
\hline
6.27
\end{array}
$$

소수의 곱셈

소수끼리 곱하는 것

소수와 자연수 혹은 둘 이상의 소수를 곱할 때에는 두 가지 방법을 쓸 수 있어요. 분수로 고쳐서 곱하는 것과 세로 셈으로 계산하는 거예요.

예를 들어, 1.25×0.7를 두 가지 방법으로 계산해 보아요.

① 분수로 고쳐서 계산하기 : 1.25와 0.7을 분수로 고쳐서 분자는 분자끼리, 분모는 분모끼리 곱한 다음, 결과를 다시 소수로 고쳐요.

$$1.25 \times 0.7 = \frac{125}{100} \times \frac{7}{10} \quad \text{소수를 분수로 바꿔요.}$$

$$= \frac{125 \times 7}{100 \times 10} \quad \text{분모끼리, 분자끼리 곱해요.}$$

$$= \frac{875}{1000}$$

$$= 0.875 \qquad \text{분수를 소수로 바꿔요.}$$

② 세로 셈으로 계산하기 : 덧셈 때와는 달리, 소수점의 위치를 맞춰 쓰지 않아도 돼요. 대신, 계산이 끝난 후 두 소수의 소수점 아래에 있는 숫자의 갯수만큼 소수점을 왼쪽으로 옮겨 써요.

$$
\begin{array}{r}
1.25 \\
\times\ 0.7 \\
\hline
\end{array}
\quad \rightarrow \quad
\begin{array}{r}
1.25 \\
\times\ 0.7 \\
\hline
875
\end{array}
\quad \rightarrow \quad
\begin{array}{r}
1.25 \\
\times\ 0.7 \\
\hline
0.875
\end{array}
$$

소수의 나눗셈
소수를 소수로 나누는 것

소수의 나눗셈을 할 때에는 곱셈 때와 마찬가지로 분수로 고쳐서 계산하거나 세로 셈으로 계산할 수 있어요.

예를 들어, 2.8÷0.4를 두 가지 방법으로 계산해 보아요.

① 분수로 고쳐서 계산하기 : 2.8과 0.4를 분수로 고친 다음, 분수의 나눗셈을 할 때처럼 나누는 분수의 분자와 분모를 바꿔서 곱해요.

$$2.8 \div 0.4 = \frac{28}{10} \div \frac{4}{10}$$ 소수를 분수로 바꿔요.

$$= \frac{28}{10} \times \frac{10}{4}$$ 나누는 수의 분자와 분모를 바꿔서 곱해요.

$$= \frac{\overset{7}{28}}{\underset{1}{10}} \times \frac{\overset{1}{10}}{\underset{1}{4}}$$ 분자와 분모를 엇갈려서 최대공약수로 약분해요.

$$= 7$$

② 세로 셈으로 계산하기 : 먼저, 나누는 수 0.4의 소수점을 오른쪽으로 한 칸 옮겨서 없애요. 그리고 나누어지는 수 2.8도 똑같이 소수점을 오른쪽으로 한 칸 옮겨요. 그런 다음 세로 셈을 해요.

$$0.4 \overline{)2.8} \quad \longrightarrow \quad 0.4 \overline{)2.8} \quad \longrightarrow \quad 4 \overline{)28} \begin{array}{r} 7 \\ \underline{28} \\ 0 \end{array}$$

2장 도형

도형圖形 figure은 그림의 형상, 즉 점, 선, 면으로 이루어진 사물의 모양이에요. 삼각형, 사각형, 원처럼 한 평면 위에 있는 도형을 평면도형平面圖形 plane figure이라 하고 정육면체, 직육면체, 원뿔, 원기둥, 구처럼 한 평면 위에 있지 않는 도형을 입체도형立體圖形 solid figure이라고 해요. 입체立體라는 말은 일정한 부피를 가지는 물체를 가리킬 때 써요. 즉, 입체도형은 평면, 곡면으로 둘러싸인 도형으로 공간 속에서 일정한 부피를 갖는 도형이에요. 평면이 모여 입체를 이룬다는 점을 생각해보면 입체도형은 평면도형에서 발전된 개념이라는 걸 쉽게 알 수 있어요.

모든 도형들은 그것이 평면도형이든 입체도형이든 모두 점, 선, 면으로 이루어져 있어요. 즉, 점, 선, 면은 도형을 이루는 가장 중요하고도 기본적인 요소들이에요. 자, 그럼 도형의 기본 요소들부터 하나하나 알아볼까요?

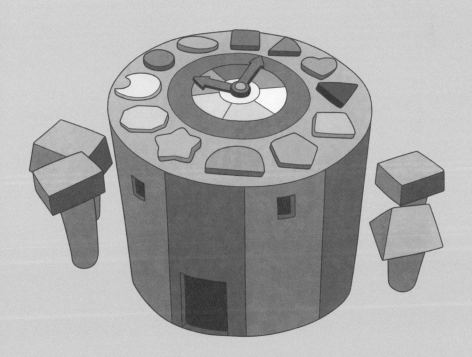

점 點 point

위치만 있고 크기는 없는 도형

점은 위치만 있고 크기는 없는 도형이에요. 점은 도형이 아니라고 생각하는 사람들이 있는데, 점은 모든 도형의 출발점이 되는 중요한 도형이에요. 점은 크기가 없으므로 길이도 넓이도 구할 수가 없어요.

·	·	·	·
ㄱ	ㄴ	A	B
(점ㄱ)	(점ㄴ)	(점A)	(점B)

선 線 line

점이 모여 이루어진 도형

선은 점이 모여 이루어진 도형이에요. 선은 크게 직선과 곡선으로 나뉘는데 직선直線은 곧은 선, 반듯한 선을 뜻하고 곡선曲線은 굽은 선, 휘어진 선을 뜻해요.

직선	곡선
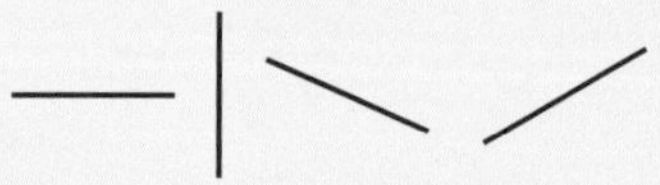 ― | \ /	 ∪ ∽ ⊙

면 面 face

선이 모여 이루어진 도형

면은 선이 모여 이루어진 도형이에요. 선과 마찬가지로 면도 평평하
고 곧은 평면平面과 구부러진 곡면曲面으로 나뉘어요.

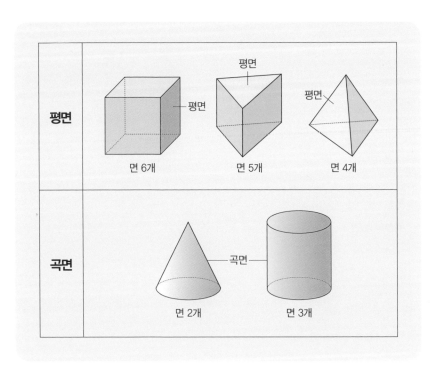

직선 直線 straight line
서로 다른 두 점을 지나는 곧은 선

직선은 서로 다른 두 점 A, B를 지나는 곧은 선이에요. 기호로는 $\overleftrightarrow{AB}$ 로 나타내고 '직선 AB'라 읽어요.

직선 AB   A $\bullet$————$\bullet$ B $\overleftrightarrow{AB}$

반직선 半直線 half line
직선의 절반

반직선은 '직선의 반'이라는 뜻이에요. 즉, 반직선은 직선의 부분으로, 점 A에서 시작하여 점 B 쪽으로 뻗어 가는 선이에요. 기호로는 $\overrightarrow{AB}$ 로 나타내고 '반직선 AB'라 읽어요.

반직선 AB   A $\bullet$————$\bullet$ B $\overrightarrow{AB}$

선분 線分 segment
두 점을 이은 곧은 선

선분은 '나누어진 선'이에요. 선분은 두 점을 이은 곧은 선으로, 직선을 나눈 부분이에요. 직선 AB의 점 A에서 점 B까지 이은 곧은 선이므로 선분의 양쪽에는 끝점이 있어요. 기호로는 $\overline{AB}$로 나타내고 '선분 AB'라 읽어요.

이 선분 AB의 길이를 '두 점 A, B 사이의 거리'라고 해요. 그리고 삼각형˚, 사각형˚처럼 선분으로 둘러싸인 도형에서는 선분을 '변'이라고 불러요.

선분 AB   A ———— B $\overline{AB}$

˚ 삼각형 ○ 52쪽   ˚ 사각형 ○ 55쪽

꼭짓점 頂點 vertex
각을 이루는 변과 변이 만나는 점

꼭지는 어떤 사물의 맨 끝부분을 나타낼 때 쓰는 순우리말이에요. 다각형˚에서 각˚을 이루는 변과 변이 만나는 점이나 입체도형˚에서 모서리와 모서리가 만나는 점˚이 꼭짓점이에요.

˚다각형 **○** 50쪽   ˚각 **○** 48쪽   ˚점 **○** 42쪽   ˚입체도형 **○** 71쪽

변 邊 edge
다각형의 변두리에 있는 선분

변은 '변두리'라는 뜻인데, 흔히 어떤 물건의 가장자리를 나타낼 때 쓰는 말이에요. 수학에서 변은 다각형˚의 변두리에 있는 선분˚을 뜻해요. 각을 이루는 두 반직선˚도 변이에요.

˚다각형 **○** 50쪽   ˚선분 **○** 45쪽   ˚반직선 **○** 44쪽

모서리 稜 edge
입체도형의 면과 면이 만나는 부분

모서리는 보통 어떤 물건의 날카로운 가장자리를 가리켜요. 입체도형˚에서 면과 면˚이 만날 때 날카로운 부분이 만들어지기 때문에 면과 면이 만나는 부분을 모서리라고 해요.

˚입체도형 **○** 71쪽   ˚면 **○** 43쪽

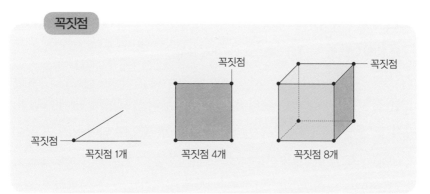

꼭짓점

꼭짓점

꼭짓점 · ——
꼭짓점 1개

꼭짓점 4개

꼭짓점 8개

변

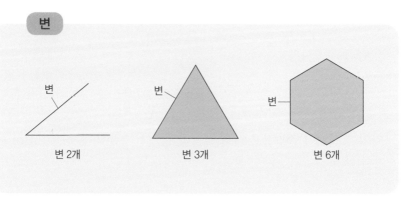

변

변

변

변 2개

변 3개

변 6개

모서리

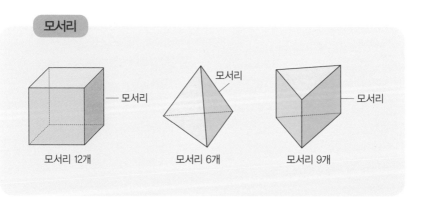

모서리

모서리

모서리

모서리 12개

모서리 6개

모서리 9개

각 角 angle

한 점에서 만나는 두 개의 선분으로 이루어진 도형

한 점*에서 만나는 두 개의 선분으로 이루어진 도형이 각이에요. 따라서 두 선분*이 한 점에서 만나지 않거나 곡선으로 되어 있으면 각이 아니에요. 또한 한 개의 선분으로는 각을 만들 수 없어요. 각은 기호 ∠로 나타내요. 각의 크기는 각도角度라고 해요. 각도는 두 선분의 벌어진 정도에 따라 결정돼요. 기호로는 °도를 써요.

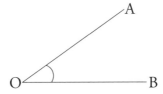

위의 그림처럼, 한 점 O에서 시작한 반직선* OA와 반직선 OB로 이루어진 도형이 각이에요.

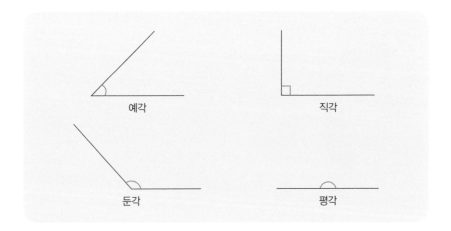

예각   직각

둔각   평각

* 점 **○** 42쪽   * 선분 **○** 45쪽   * 반직선 **○** 44쪽

48

예각 銳角 acute angle

0°보다 크고 90°보다 작은 각

각의 종류는 각의 크기에 따라 나뉘는데, 0°보다 크고 90°보다 작은 각을 예각이라고 해요. '예銳'는 '날카롭다' '뾰족하다'라는 뜻으로, 예각은 '뾰족한 각'을 뜻해요.

직각 直角 right angle

90°인 각

크기가 90°인 각을 직각이라 하고 ∠R로 표시해요. '직直'은 '똑바르다' '곧다'는 뜻이에요. 두 개의 선분이 각을 이룰 때 하나의 선분에 대해 나머지 선분이 비스듬하지 않고 곧다는 뜻에서 직각이라고 부르는 거예요.

둔각 鈍角 obtuse angle

90°보다 크고 180°보다 작은 각

90°보다 크고 180°보다 작은 각을 둔각이라고 해요. 둔鈍은 '무디다'라는 뜻으로, 둔각은 '무딘 각'이에요.

평면도형 平面圖形 plane figure

평면 위에 그려진 도형

    평면 위에 그려진 점˙, 선˙, 면˙ 등의 도형을 평면도형이라고 해요. 대표적인 평면도형으로 삼각형˙, 사각형˙, 육각형, 팔각형, 원˙, 타원 등이 있어요.

˙점, 선 **O** 42쪽   ˙면 **O** 43쪽   ˙삼각형 **O** 52쪽   ˙사각형 **O** 55쪽   ˙원 **O** 67쪽

다각형 多角形 polygon

선분으로만 둘러싸인 도형

    직선˙으로 이루어져 있고 안과 밖이 구분되는 도형, 즉 선분˙으로만 둘러싸인 도형을 다각형이라고 해요. 다각多角은 '각이 많다.'라는 뜻이고, 각은 두 선분이 만날 때 만들어져요. 3개의 선분으로 둘러싸인 도형은 삼각형˙, 4개의 선분으로 둘러싸인 도형은 사각형˙, 5개의 선분으로 둘러싸인 도형은 오각형, 그리고 육각형, 칠각형, 팔각형, 구각형, 십각형, ……처럼 각의 개수가 아니라 다각형을 둘러싼 선분인 변˙ 개수에 따라 다각형의 이름이 정해져요.

    하지만 원˙은 다각형이 아니에요. 원은 선분으로 되어 있지 않기 때문이에요. 선분은 두 점을 이은 곧은 선이니까요. 선분이 아닌 곡선으로 둘러싸인 원이나 부채꼴˙ 같은 도형은 다각형이라고 할 수 없어요.

˙직선 **O** 44쪽   ˙선분 **O** 45쪽   ˙각 **O** 48쪽   ˙삼각형 **O** 52쪽   ˙사각형 **O** 55쪽   ˙변 **O** 46쪽
˙원 **O** 67쪽   ˙부채꼴 **O** 69쪽

정다각형 正多角形 regular polygon
모든 변의 길이와 각의 크기가 각각 같은 다각형

변의 길이가 모두 같고, 각의 크기도 모두 같은 다각형을 정다각형 이라고 해요. 도형 이름에 붙은 정正에는 '같다'는 의미가 들어 있어요. 변의 수에 따라 정삼각형*, 정사각형*, 정오각형, …… 등으로 이름이 정해져요.

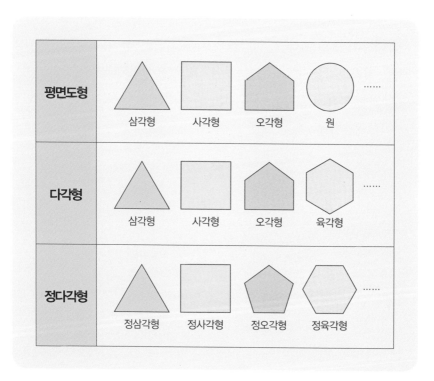

* 정삼각형 **○** 53쪽 * 정사각형 **○** 60쪽

삼각형 三角形 triangle

3개의 선분으로 둘러싸인 도형

모든 다각형은 삼각형으로 쪼갤 수 있어요. 즉, 삼각형은 다각형의 가장 작은 단위예요. 삼각형이 뭐냐고 물으면 보통 '각'이 3개인 도형'이라고 대답하는데 이는 삼각형의 정확한 정의가 아니에요. 삼각형은 3개의 선분'으로 둘러싸인 도형을 말해요. 직선 위에 있지 않은 세 점 A, B, C와 선분 AB, 선분 BC, 선분 CA로 이루어진 도형을 삼각형 ABC라 하고 기호로는 △ABC로 표시해요.

세 내각이 모두 예각'인 삼각형을 예각삼각형, 한 내각이 직각'인 삼각형을 직각삼각형, 한 각이 둔각'인 삼각형을 둔각삼각형이라고 해요. 직각삼각형 중에서 직각을 끼고 있는 두 변의 길이가 같은 직각삼각형을 직각이등변삼각형이라고 해요.

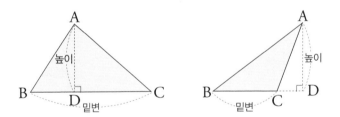

그리고 삼각형 ABC에서 변 BC를 밑변이라 하고, 꼭짓점 A에서 밑변에 수직'으로 그은 선분 AD을 높이h라고 해요.

삼각형의 두 변의 길이의 합은 언제나 다른 한 변의 길이보다 길어요.

▪ 각 ○ 48쪽   ▪ 선분 ○ 45쪽   ▪ 예각, 직각, 둔각 ○ 49쪽   ▪ 수직 ○ 184쪽

정삼각형 正三角形 regular triangle
세 변의 길이가 모두 같은 삼각형

정삼각형은 세 변의 길이가 모두 같은 삼각형이에요. 흔히 평면도형°에서 각 선분°의 길이가 같거나 내각°의 크기가 모두 같을 때 '정正' 자를 사용해요. 정삼각형은 세 변의 길이가 같고 세 각°의 크기가 모두 같은 삼각형이에요.

° 평면도형 **○** 50쪽   ° 선분 **○** 45쪽   ° 내각 **○** 194쪽   ° 각 **○** 48쪽

이등변삼각형 二等邊三角形 isosceles triangle
두 변의 길이가 같은 삼각형

이등변삼각형은 두 변의 길이가 같은 삼각형이에요. 두 밑각의 크기도 같아요. 또한 꼭지각의 이등분선은 밑변을 수직이등분°해요.

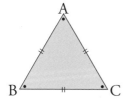 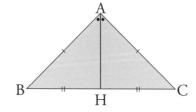

° 수직이등분 **○** 186쪽

삼각형의 결정 조건 三角形의 決定條件
triangle-determining condition

삼각형의 모양이나 크기를 결정하는 조건

삼각형의 모양이나 크기는 다음의 각 경우에 각각 하나로 결정돼요.
이것을 삼각형의 결정 조건이라고 해요.

    1. 세 변의 길이가 주어졌을 때

    2. 두 변의 길이와 그 끼인각의 크기가 주어졌을 때

    3. 한 변의 길이와 그 양 끝각의 크기가 주어졌을 때

tip 삼각형의 포함 관계

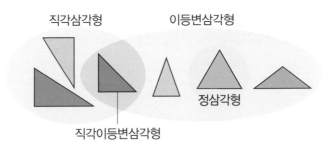

직각삼각형   이등변삼각형

정삼각형

직각이등변삼각형

사각형 四角形 quadrangle
네 개의 선분으로 둘러싸인 도형

사각형은 네 개의 변˙으로 둘러싸인 도형이에요. 사각형에는 정사각형˙, 직사각형˙, 평행사변형˙, 마름모˙, 사다리꼴˙ 등이 있고, 모든 사각형의 네 각의 크기의 합은 360°예요.

˙ 변 ❍ 46쪽 　　˙ 정사각형 ❍ 60쪽 　　˙ 직사각형 ❍ 59쪽 　　˙ 평행사변형 ❍ 57쪽 　　˙ 마름모 ❍ 58쪽
˙ 사다리꼴 ❍ 56쪽 　　˙ 각 ❍ 48쪽

---

tip 사각형의 포함 관계

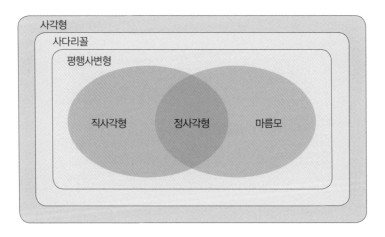

사다리꼴 梯形 trapezoid

한 쌍의 마주 보는 변이 평행인 사각형

사다리꼴은 한 쌍의 마주 보는 변"대변이 평행"인 사각형이에요. 평행인 두 변을 밑변윗변, 아랫변이라 하고, 두 밑변 사이의 거리를 높이라고 해요.

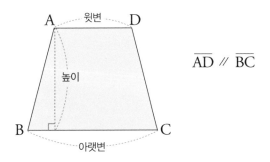

$$\overline{AD} \mathbin{/\!/} \overline{BC}$$

" **변 ○** 46쪽   " **평행 ○** 185쪽

평행사변형 平行四邊形 parallelogram
두 쌍의 마주 보는 변이 각각 평행인 사각형

평행사변형은 두 쌍의 대변"이 각각 평행인 사각형이에요. 평행사변의 평행한 두 변을 밑변이라 하고, 밑변 사이의 거리를 높이라고 해요. 평행사변형은 두 쌍의 대변의 길이와 대각"의 크기는 각각 같고, 두 대각선은 서로 다른 대각선"을 이등분해요. 한 쌍의 마주 보는 변이 평행이면 사다리꼴이므로 평행사변형도 사다리꼴이에요.

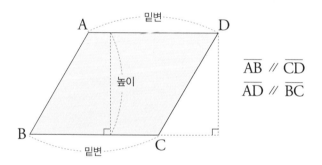

$$\overline{AB} \mathbin{/\mkern-5mu/} \overline{CD}$$
$$\overline{AD} \mathbin{/\mkern-5mu/} \overline{BC}$$

˙ 대각과 대변 **○** 197쪽   ˙ 대각선 **○** 198쪽

마름모 菱形 rhombus
네 변의 길이가 모두 같은 사각형

　마름모는 네 변의 길이가 모두 같은 사각형이에요. 마름모의 두 대각선*은 서로 다른 것을 수직이등분*하고 두 쌍의 마주 보는 변*이 평행이므로, 마름모는 평행사변형*이라고도 할 수 있고 사다리꼴*이라고도 할 수 있어요.

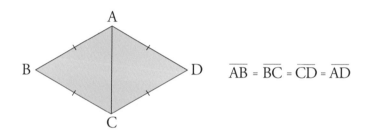

$$\overline{AB} = \overline{BC} = \overline{CD} = \overline{AD}$$

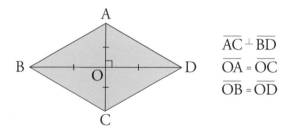

$$\overline{AC} \perp \overline{BD}$$
$$\overline{OA} = \overline{OC}$$
$$\overline{OB} = \overline{OD}$$

* 대각선 **○** 198쪽　　* 수직이등분 **○** 186쪽　　* 변 **○** 46쪽　　* 평행사변형 **○** 57쪽　　* 사다리꼴 **○** 56쪽

직사각형 直四角形 rectangle

네 각이 모두 직각인 사각형

직사각형은 네 각이 모두 직각인 사각형이에요. 두 쌍의 대변은 길이가 같아요. 두 대각선의 길이도 같고 서로 다른 것을 이등분해요. 직사각형은 평행사변형에 속해요.

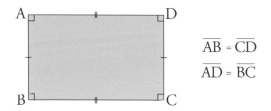

$$\overline{AB} = \overline{CD}$$
$$\overline{AD} = \overline{BC}$$

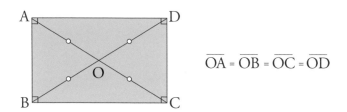

$$\overline{OA} = \overline{OB} = \overline{OC} = \overline{OD}$$

정사각형 正四角形 square
네 각이 모두 직각이고 네 변의 길이가 같은 사각형

정사각형은 네 각*이 모두 직각이고 네 변*의 길이가 같은 사각형이에요. 두 대각선*은 길이가 같고, 서로 다른 것을 수직이등분*해요. 정사각형은 네 각이 모두 직각이므로 직사각형이라고 할 수 있어요. 하지만 직사각형은 네 변의 길이가 모두 같지 않기 때문에 정사각형이라고 할 수 없어요. 또한 정사각형은 네 변의 길이가 모두 같으므로 마름모*이고, 두 쌍의 대변이 평행하므로 평행사변형*이고, 한 쌍의 마주 보는 변이 평행*하므로 사다리꼴*이기도 해요.

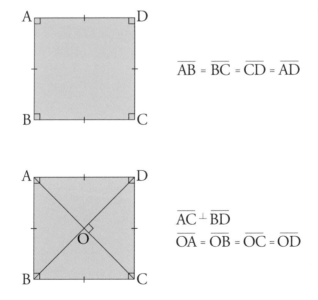

$$\overline{AB} = \overline{BC} = \overline{CD} = \overline{AD}$$

$$\overline{AC} \perp \overline{BD}$$
$$\overline{OA} = \overline{OB} = \overline{OC} = \overline{OD}$$

* 각 ○ 48쪽　　• 대각선 ○ 198쪽　　• 수직이등분 ○ 186쪽　　• 변 ○ 46쪽　　• 마름모 ○ 58쪽
• 평행사변형 ○ 57쪽　　• 사다리꼴 ○ 56쪽

대칭 對稱 symmetry

점, 선, 평면을 중심으로 한 도형을 회전시켰을 때 다른 도형과 완전히 겹치는 것

대칭은 거울 앞에 서서 거울 속의 자신을 마주보는 것처럼 어떤 두 도형이 그런 상태로 놓여 있는 것을 말해요. 즉, 대칭은 어떤 도형을 한 점이나 한 직선이나 한 평면을 중심으로 접거나 $180°$ 돌렸을 때 완전히 겹치는 것이에요.

선대칭 線對稱 line symmetry
한 직선을 사이에 두고 있는 두 점 또는 두 선분이 같은 거리에 있는 것

선대칭은 한 직선˙을 사이에 두고 있는 두 점˙ 또는 두 선분˙이 같은 거리에 있는 경우를 말해요. 즉, 어떤 직선으로 접어서 완전히 겹쳐지는 도형을 선대칭도형이라고 하고 그 직선을 대칭축對稱軸 axis of symmetry이라고 해요. 그리고 선대칭도형을 대칭축으로 접었을 때, 겹쳐지는 점을 대응점, 겹쳐지는 변˙을 대응변, 겹쳐지는 각˙을 대응각이라 해요.

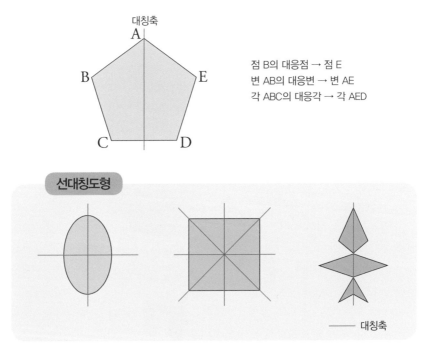

점 B의 대응점 → 점 E
변 AB의 대응변 → 변 AE
각 ABC의 대응각 → 각 AED

선대칭도형

—— 대칭축

˙ 점 ○ 45쪽   ˙ 선분 ○ 42쪽   ˙ 직선 ○ 44쪽   ˙ 변 ○ 46쪽   ˙ 각 ○ 48쪽

점대칭 點對稱 point symmetry

한 점을 사이에 두고 있는 두 점 또는 두 선분이 같은 거리에 있는 것

한 점을 사이에 두고 있는 두 점 또는 두 선분이 같은 거리에 있는 경우를 점대칭이라고 해요. 점대칭도형은 도형 안의 한 점을 중심으로 180° 돌렸을 때, 처음 도형과 완전히 겹쳐지는 도형을 말해요. 그리고 그 점을 대칭의 중심이라고 해요.

점대칭도형을 대칭의 중심으로 180° 돌렸을 때, 겹쳐지는 점이 대응점, 겹쳐지는 변이 대응변, 겹쳐지는 각이 대응각이에요. 점대칭도형에서 대응점을 이은 선분은 대칭의 중심에 의해 똑같이 나누어지고 대응점에서 대칭의 중심까지의 거리는 서로 같아요.

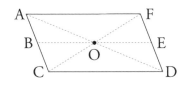

점O : 대칭의 중심

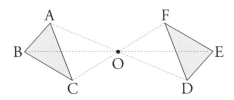

점 A의 대응점 → 점 D
변 AB의 대응변 → 변 DE
각 ABC의 대응각 → 각 DEF

닮음 similarity

모양은 같지만 크기가 다른 두 도형

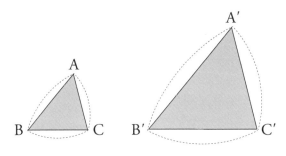

△ABC∽△A′B′C′ 일 때 ∠A=∠A′, ∠B=∠B′, ∠C=∠C′

$$\overline{AB}:\overline{A'B'}=\overline{BC}:\overline{B'C'}=\overline{CA}:\overline{C'A'}$$

어떤 도형을 일정한 비율로 늘이거나 줄이면 또 다른 도형과 겹쳐질 수 있어요. 이렇게 겹쳐지는 도형, 즉 모양은 같지만 크기가 서로 다른 두 도형을 닮음이라고 해요. 닮은 두 평면도형˙에서는 대응변의 길이의 비는 일정하고, 대응각의 크기는 서로 같아요. 이때 닮은 두 도형의 대응변의 길이의 비˙를 닮음비 ratio of similarity라고 해요.

삼각형˙ ABC와 삼각형 A′B′C′가 닮음일 때 기호로 △ABC∽△A′B′C′로 나타내요. 이때 각 A와 각 A′, 각 B와 각 B′, 각 C와 각 C′의 크기는 같고, 변 AB와 변 A′B′, 변 BC와 변 B′C′, 변 CA와 변 C′A′의 길이의 비는 일정해요.

˙ 평면도형 ❍ 50쪽   ˙ 비 ❍ 130쪽   ˙ 삼각형 ❍ 52쪽

합동 合同 congruence

모양과 크기가 똑같은 두 도형

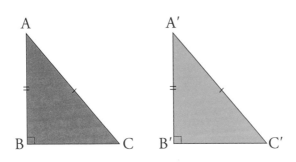

△ABC≡△A′B′C′ 일 때 ∠A=∠A′, ∠B=∠B′,∠C=∠C′

$\overline{AB}$=$\overline{A′B′}$, $\overline{BC}$=$\overline{B′C′}$, $\overline{CA}$=$\overline{C′A′}$

합동은 모양과 크기가 완전히 똑같이 포개지는 두 도형을 말해요. 합동인 두 도형을 포갰을 때, 겹쳐지는 꼭짓점을 대응점對應點 corresponding points, 겹쳐지는 변을 대응변對應邊 corresponding sides, 겹쳐지는 각을 대응각對應角 corresponding angles이라고 해요. 합동인 두 도형에서는 대응변의 길이가 서로 같고 대응각의 크기가 서로 같아요.

삼각형 ABC와 삼각형 A′B′C′가 합동일 때 기호로 △ABC≡△A′B′C′로 나타내요. 각 B와 각 B′, 각 C와 각 C′의 크기는 같고, 변 AB와 변 A′B′, 변 BC와 변 B′C′, 변 CA와 변 C′A′의 길이는 각각 같아요.

• 삼각형 ○ 52쪽　　• 각 ○ 48쪽　　• 변 ○ 46쪽

삼각형의 합동 조건 三角形의 合同條件
congruence criteria for triangles

두 개의 삼각형이 합동이 되는 조건

두 개의 삼각형*은 다음의 각 경우에 합동이에요. 이것을 삼각형의 합동 조건이라고 해요. S는 변*Side, A는 각*Angle을 뜻해요.

첫째, 대응하는 세 변의 길이가 각각 같은 경우(SSS 합동)

둘째, 대응하는 두 변의 길이가 각각 같고 그 끼인각의 크기가 같은 경우(SAS 합동)

셋째, 대응하는 한 변의 길이가 같고 그 양 끝각의 크기가 각각 같은 경우(ASA 합동)

* 삼각형 ○ 52쪽   * 각 ○ 48쪽   * 변 ○ 46쪽

원 圓 circle

평면 위의 한 점에서 같은 거리에 있는 점들로 이루어진 곡선

　원은 평면 위의 한 점*에서 같은 거리에 있는 점들로 이루어진 곡선이에요. 그 거리는 반지름이라고 해요. 한 원에서 반지름의 길이는 모두 같아요. 원의 중심을 지나 원 위의 두 점을 이은 선분* 또는 선분의 길이는 지름이라고 해요. 지름의 길이는 반지름 길이의 2배예요.

　아래의 그림에서 선분 OA, 선분 OB, 선분 OC는 반지름이고 모두 길이가 같아요.

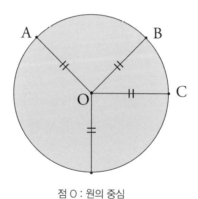

점 O : 원의 중심

$$\overline{OA} = \overline{OB} = \overline{OC}$$

* 선분 ○ 45쪽　　* 점 ○ 42쪽

호 弧 arc 와 현 弦 chord
원주 위 두 점 사이의 둥근 부분 / 두 점을 반듯하게 이은 선분

원주[*] 위에 있는 두 점 사이의 둥근 부분을 호, 원주 위의 두 점을 반듯하게 이은 선분을 현이라고 해요. 그 모습이 활과 활시위와 비슷해서 각각 호와 현이라고 이름을 붙인 거예요.

* 원주 ◑ 70쪽

활꼴 弓形 segment of a circle
원에서 호의 양 끝점을 연결하는 선분으로 이루어진 도형

원에서 호와 그 호의 두 끝점을 연결하는 선분으로 이루어진 도형이 활꼴이에요. 생김새가 활과 비슷하기 때문에 활꼴이라고 해요.

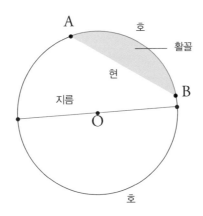

부채꼴 扇形 sector
원의 두 개의 반지름과 그 사이의 호로 이루어진 도형

　원의 중심에서 그은 두 개의 선분을 따라 잘라낼 때 만들어지는 부채 모양의 도형을 부채꼴이라고 해요.

중심각 中心角 central angle
원의 두 개의 반지름이 이루는 각

　중심각은 원의 중심에서 두 개의 선분을 그을 때 만들어지는 각이에요. 하나의 원 또는 합동˙인 두 원에서 같은 크기의 중심각에 대한 호의 길이는 같아요. 즉, 호의 길이는 중심각의 크기에 비례˙해요. 하지만 현의 길이는 중심각의 크기에 비례하지 않아요.

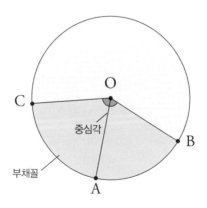

˙ 합동 ○ 65쪽　　˙ 비례 ○ 132쪽

원주 圓周 circumference와
원주율 圓周率 circular constant
원의 둘레 / 원의 지름 길이에 대한 원둘레 길이의 비율

원의 둘레의 길이를 원주라고 해요. 반지름이 커지면 원의 둘레 길이인 원주는 커지고 반지름이 작아지면 원주도 작아져요. 그런데 그 커지고 작아지는 비율이 매번 변하지 않고 일정해요. 그것이 원의 지름의 길이에 대한 원둘레의 길이의 비율인 원주율이에요. 즉, 원주율은 원주와 지름의 길이의 비, 원주를 지름으로 나눈 값이에요.

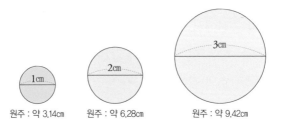

원주 : 약 3.14cm　　원주 : 약 6.28cm　　원주 : 약 9.42cm

지름이 1cm인 경우 → (원주율) = (원주)÷(지름)= 3.14÷1 = 3.14
지름이 2cm인 경우 → (원주율) = (원주)÷(지름)= 6.28÷2 = 3.14
지름이 3cm인 경우 → (원주율) = (원주)÷(지름)= 9.42÷3 = 3.14

원주율은 3.141592……로 끝을 알 수 없는 무한소수이기 때문에 π파이로 표시하기로 약속했어요. 하지만 간단히 3.14로 계산하기도 해요. 원둘레는 지름의 길이의 약 3.14배이니까 지름만 알면 원둘레도 금방 구할 수 있어요.

(원주) = (지름)×(원주율) = (지름)×3.14

입체도형 立體圖形 solid figure

공간 속에서 일정한 부피를 갖는 도형

입체는 일정한 부피˙를 가지는 물체를 가리킬 때 쓰는 말이에요. 즉, 입체도형은 평면, 곡면으로 둘러싸인 도형으로, 공간 속에서 일정한 부피를 갖는 도형이에요. 평면도형˙인 점˙, 선˙, 면˙을 기본으로 해서 길이˙, 넓이˙, 두께 등을 가진 도형을 말해요. 길이, 너비, 두께 같은 '공간'을 가지고 있다고 해서 공간도형이라고도 해요. 여러 가지 모양의 기둥˙, 다면체˙, 구˙, 뿔˙ 등이 입체도형에 속해요.

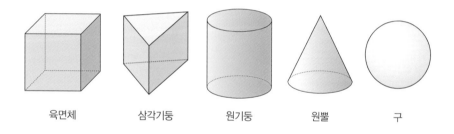

| 육면체 | 삼각기둥 | 원기둥 | 원뿔 | 구 |

˙ 부피 **○** 91쪽　˙ 평면도형 **○** 50쪽　˙ 점, 선 **○** 42쪽　˙ 면 **○** 44쪽　˙ 길이 **○** 83쪽　˙ 넓이 **○** 83쪽
˙ 기둥 **○** 73쪽　˙ 다면체 **○** 72쪽　˙ 구 **○** 77쪽　˙ 뿔 **○** 73쪽

다면체 多面體 polyhedron

다각형의 면으로 둘러싸인 입체도형

다면체는 '많은 면을 가진 입체'라는 뜻이에요. 즉, 다각형의 면으로만 둘러싸인 입체도형이 다면체예요. 다면체의 종류는 크게 각기둥, 각뿔, 각뿔대가 있어요.

다면체의 종류

각기둥	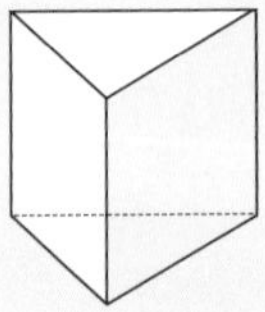 삼각기둥	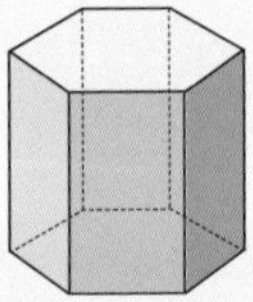 육각기둥 ……
각뿔	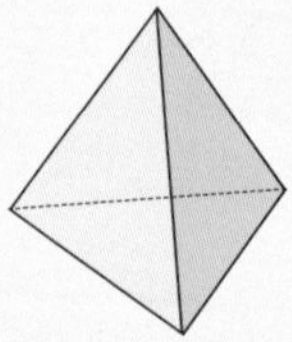 삼각뿔	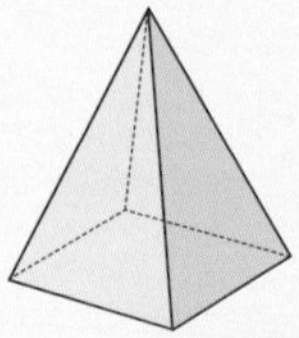 사각뿔 ……
각뿔대	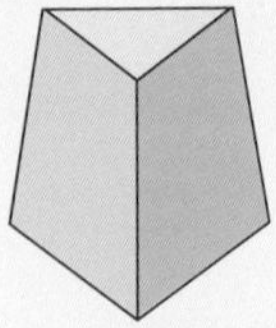 삼각뿔대	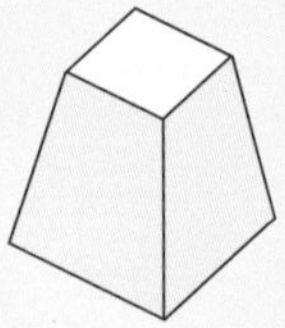 사각뿔대 ……

각기둥 prism

면이 서로 평행이고 합동인 다각형으로 이루어진 입체도형

    면이 서로 평행*이고 합동*인 다각형으로 된 입체도형을 각기둥이라고 하는데, 옆면은 모두 직사각형*이에요. 밑면의 모양에 따라 삼각기둥, 사각기둥, 오각기둥, 육각기둥 등으로 불려요. 하지만 원기둥은 각기둥이 아니에요. 원기둥의 밑면인 원은 다각형이 아니기 때문이에요.

* 평행 ○ 185쪽   * 합동 ○ 65쪽   * 직사각형 ○ 59쪽

각뿔 角錐 pyramid

밑면이 다각형이고 옆면이 삼각형인 입체도형

각뿔은 밑면이 다각형이고 옆면이 삼각형인 입체도형이에요. 각뿔에는 밑면의 모양에 따라 삼각뿔, 사각뿔, 오각뿔, 육각뿔 등이 있어요. 하지만 원은 다각형이 아니기 때문에 원뿔은 각뿔이 아니에요.

각뿔대 角錐臺 truncated pyramid

각뿔을 밑면에 평행하게 잘랐을 때 위쪽의 입체도형

    각뿔을 밑면에 평행한 평면으로 자르면 두 개의 입체도형이 생기는데, 그중에서 위쪽 각뿔이 아닌 아래쪽의 다면체가 각뿔대예요.

정다면체 正多面體 regular polyhedron
정다각형으로 둘러싸이고, 각 꼭짓점에 모이는 면의 개수가 같은 입체도형

정다면체는 같은 모양, 같은 크기의 많은 면*을 가진 입체도형*을 말해요. 각 면이 모두 합동인 정다각형*이고, 각 꼭짓점*에 모이는 면의 개수가 같은 볼록한 다면체가 정다면체예요. 정다면체의 이름은 면의 개수에 따라 정해지는데 정사면체, 정육면체, 정팔면체, 정십이면체, 정이십면체 다섯 가지뿐이에요.

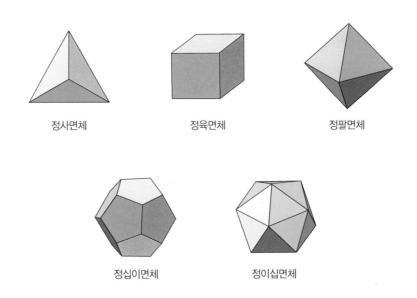

정사면체   정육면체   정팔면체

정십이면체   정이십면체

* 면 ○ 43쪽   * 입체도형 ○ 71쪽   * 정다각형 ○ 51쪽   * 꼭짓점 ○ 46쪽

직육면체 直六面體 cuboid와
정육면체 正六面體 cube
직사각형 6개 혹은 정사각형 6개로 둘러싸인 입체도형

육면체는 6개의 면으로 둘러싸인 입체도형이에요. 육면체를 이루는 면이 직사각형*이면 직육면체, 정사각형*이면 정육면체라고 불러요.

직육면체는 직사각형 6개로 둘러싸인 도형이고, 정육면체는 크기가 같은 정사각형 6개로 둘러싸인 도형이에요. 둘 다 6개의 면과 12개의 모서리*와 8개의 꼭짓점으로 이루어져 있어요.

정사각형은 직사각형이라고도 할 수 있으므로 정육면체는 직육면체에 포함돼요. 직육면체에서 두 밑면과 두 쌍의 옆면은 각각 평행*해요.

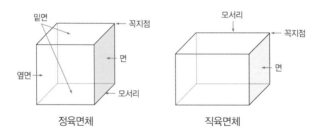

정육면체   직육면체

* 직사각형 ✪ 59쪽   * 정사각형 ✪ 60쪽   * 모서리 ✪ 46쪽   * 평행 ✪ 185쪽

회전체 回轉體
body of revolution, solid of revolution
평면도형을 한 직선을 축으로 하여 1회전시킬 때 생기는 입체도형

회전체는 평면도형을 한 직선을 축으로 하여 1회전시킬 때 생기는 입체도형이에요. 이때 축으로 사용한 직선을 회전축回轉軸 rotation axis이라고 해요. 빙글빙글 돌기 때문에 회전체의 밑면은 항상 원*이 되고 옆면은 곡면이 되며 회전축을 중심으로 양쪽의 모양이 대칭*을 이루어요. 회전체의 종류는 모양이 매우 다양한데 대표적인 것이 원기둥, 원뿔, 구예요.

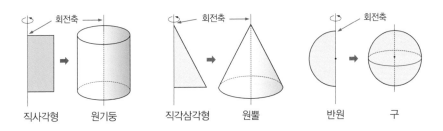

* 원 ○ 67쪽   * 대칭 ○ 61쪽

원기둥 circular cylinder

직사각형의 한 변을 회전축으로 하여 1회전시킨 입체도형

원기둥은 직사각형˙의 한 변˙을 회전축으로 하여 1회전시킨 입체도형이에요.

▪ 직사각형 **○** 59쪽 ▪ 변 **○** 46쪽

원뿔 circular cone

직각삼각형의 직각을 낀 한 변을 회전축으로 1회전시킨 입체도형

원뿔은 직각삼각형의 직각˙을 낀 한 변을 회전축으로 하여 1회전시킨 입체도형이에요. 원뿔의 밑면은 원˙이에요.

▪ 직각 **○** 49쪽 ▪ 원 **○** 67쪽

구 球 sphere

반원의 지름을 회전축으로 1회전시킨 입체도형

구는 반원의 지름을 회전축으로 하여 1회전시킨 입체도형이에요. 회전시킨 반원의 중심이 구의 중심이고, 구의 겉면에 있는 점들로부터 구의 중심까지의 거리는 모두 같아요.

겨냥도
입체도형의 모양을 알 수 있게 점선을 넣어 그린 그림

직육면체* 같은 입체도형을 겨누어 한눈에 알아볼 수 있도록 점선을 넣어 그린 그림이 겨냥도예요. 직육면체 겨냥도를 그릴 때는 모서리*는 서로 평행*이 되게 그리는데, 이때 보이는 모서리는 실선으로, 보이지 않는 모서리는 점선으로 그려요.

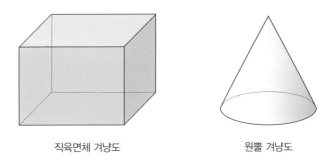

직육면체 겨냥도   원뿔 겨냥도

* **직육면체** ✪ 75쪽   * **모서리** ✪ 46쪽   * **평행** ✪ 185쪽

전개도 展開圖 development figure

입체도형을 평면 위에 펼쳐서 그린 그림

전개도는 입체도형을 평면 위에 펼쳐서 그린 그림이에요. 따라서 전개도의 모양대로 접으면 입체도형을 만들 수 있어요. 각 입체도형은 하나의 전개도만을 갖는 것은 아니에요. 여러 개의 전개도를 그릴 수 있는 입체도형도 있어요.

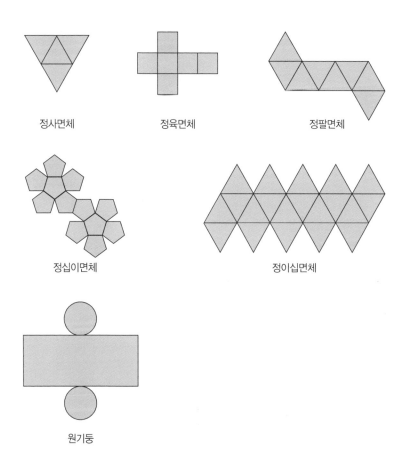

정사면체　　　　　정육면체　　　　　정팔면체

정십이면체　　　　　정이십면체

원기둥

3장 측정

길이, 무게, 넓이, 부피, 들이, 시간, 온도 등의 양을 재는 것을 측정測定 measurement이라고 해요. '나는 키가 155cm고 몸무게는 48kg이다.'라고 할 때, 155와 48이라는 숫자는 측정값이고 숫자 뒤에 붙은 cm와 kg은 단위예요. 단위單位 unit는 길이, 무게, 부피, 들이, 시간 등을 잴 때 기준으로 사용하는 기호예요. 측정 중에서 도형과 직접적으로 관련이 있는 것은 길이 재기, 넓이 재기, 부피 재기, 들이 재기, 무게 재기 등이 대표적이에요.

측정은 우리의 일상생활 속에서 매일같이 사용하는 것이기 때문에 측정의 단위와 기준, 나아가 도형의 측정을 쉽고 빠르게 하기 위해 만들어진 공식들을 정확히 이해하고 기억해 두어야 해요.

미터법 metric system

미터, 킬로그램, 리터를 기본으로 하는 도량형 단위 체계

길이는 미터m, 무게는 킬로그램kg, 부피는 리터L를 기본으로 하는 국제적인 도량형 단위 체계가 미터법이에요. 도량형이란 길이, 무게, 부피 등을 재는 법을 말해요.

미터m는 그리스어로 '재다metron' 또는 '자'라는 뜻을 갖고 있는데, 1875년 세계 각국의 대표들이 프랑스 파리에 모여 국제미터조약을 맺었어요. 그때부터 세계 대부분의 국가가 미터법을 채택했고, 우리나라는 1905년 도량형법을 만들어 현재의 미터법을 사용하기 시작했어요. 현재 1m의 과학적 기준은 '빛이 진공상태에서 299,792,458분의 1초 동안 이동한 거리'로 정해져 있어요.

길이 length

선분의 크기

1차원인 선분의 크기를 길이라고 해요. 길이를 잴 때는 눈금 단위가 1인 선분*을 단위도형으로 해서 길이를 재요. 1m미터는 100cm센티미터이며, 1km킬로미터는 1000m예요. 즉, 1km = 1000m = 100000cm

* 선분 ❍ 45쪽

넓이 area
면의 크기

면["]은 2차원이며 면의 크기를 넓이라고 해요. 넓이를 잴 때는 가로 1과 세로 1로 된 정사각형을 단위도형으로 해서 넓이를 재요.

한 변의 길이가 1cm센티미터인 정사각형["]의 넓이를 1cm²제곱센티미터라고 해요. 즉, 정사각형의 넓이는 길이의 제곱이에요.

한 변["]의 길이가 1m인 정사각형의 넓이는 한 변의 길이가 100cm인 정사각형의 넓이와 같아요. 즉, $1\,m^2 = 100cm \times 100cm = 10000cm^2$제곱센티미터예요.

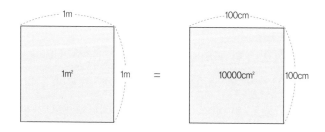

그리고 한 변의 길이가 10m인 정사각형의 넓이를 1a아르, 한 변의 길이가 100m인 정사각형의 넓이를 1ha헥타르라고 해요.

" 면 ○ 43쪽   " 정사각형 ○ 60쪽   " 변 ○ 46쪽

직사각형과 정사각형의 넓이
직사각형의 크기와 정사각형의 크기

한 변의 길이가 1cm인 모눈종이 위에 가로 4cm, 세로 3cm인 직사각형*을 그리면 가로에는 4개, 세로에는 3개이므로 4×3=12(개)가 돼요. 모눈 한 개는 단위넓이 1cm²이므로 직사각형의 넓이는 1cm²의 12배예요.

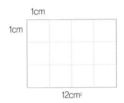

(직사각형의 넓이) = (가로)×(세로)

마찬가지 방식으로 한 변의 길이가 1cm인 모눈종이 위에 한 변의 길이가 3cm인 정사각형*을 그리면 가로에는 3개, 세로에 3개이므로 3×3=9(개)가 돼요. 모눈 한 개는 단위넓이 1cm²이므로 정사각형의 넓이는 1cm²의 9배예요.

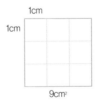

(정사각형의 넓이) = (한 변의 길이)×(한 변의 길이)

• 직사각형 ◐ 59쪽   • 정사각형 ◐ 60쪽

평행사변형의 넓이
평행사변형의 크기

　평행사변형˙의 중간 부분을 수직˙으로 자른 뒤 직사각형˙ 모양이 되게 다시 붙여요. 이렇게 만들어진 직사각형의 넓이는 처음 평행사변형의 넓이와 같겠지요? 따라서 평행사변형의 밑변의 길이는 직사각형의 가로 길이, 평행사변형의 높이는 직사각형의 세로 길이가 돼요.

(평행사변형의 넓이) = (직사각형의 넓이) = (가로)×(세로)

= (밑변)×(높이)

˙평행사변형 **○** 57쪽　　˙수직 **○** 184쪽　　˙직사각형 **○** 59쪽

삼각형의 넓이
삼각형의 크기

평행사변형"을 대각선"을 따라 자르면 두 개의 합동"인 삼각형"으로 나뉘어요. 즉, 평행사변형 넓이를 반으로 나누면 삼각형의 넓이가 되는 거예요. 따라서 삼각형의 넓이는 평행사변형의 넓이인 '(밑변)×(높이)'를 2로 나눈 값이에요.

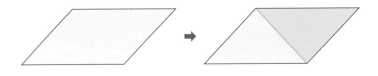

$$삼각형의\ 넓이 = (밑변)\times(높이)\times\frac{1}{2}$$

이번엔 반대로 삼각형에서 출발해서 넓이를 구해 보아요. 크기와 모양이 같은 삼각형 2개를 서로 붙이면 평행사변형이 만들어져요. 이때 삼각형 하나의 넓이는 평행사변형의 넓이의 반이에요. 그러므로 평행사변형의 넓이를 구해 반으로 나누면 삼각형의 넓이를 구할 수 있어요.

평행사변형의 넓이는 $8\times6=48(cm^2)$이므로 삼각형의 넓이는 절반인 $(8\times6)\div2=24(cm^2)$이에요.

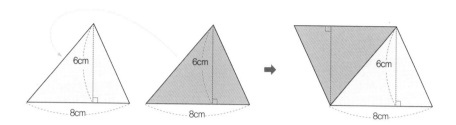

　평행사변형의 밑변의 길이와 삼각형의 밑변의 길이는 같고, 평행사변형의 높이와 삼각형의 높이는 같으므로 삼각형의 넓이는 다음과 같이 구할 수 있어요.

삼각형의 넓이 = (평행사변형의 넓이)÷2

= (밑변)×(높이)÷2

· 평행사변형 ❍ 57쪽　　· 대각선 ❍ 198쪽　　· 합동 ❍ 65쪽　　· 삼각형 ❍ 52쪽

사다리꼴의 넓이

사다리꼴의 크기

    사다리꼴*의 넓이를 구하기 위해 먼저 합동인 사다리꼴 한 개를 더 만들어 그림처럼 거꾸로 돌려 붙여요. 그러면 평행사변형*이 되지요. 그리고 사다리꼴의 넓이는 평행사변형 넓이를 구해 반으로 나누면 돼요.

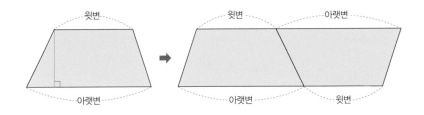

$$사다리꼴의\ 넓이 = (평행사변형의\ 넓이) \div 2$$
$$= (밑변) \times (높이) \div 2$$
$$= \{(윗변 + 아랫변) \times (높이)\} \div 2$$

* **사다리꼴 ○** 56쪽   * **평행사변형 ○** 57쪽

마름모의 넓이
마름모의 크기

　마름모*의 넓이는 아래 그림의 직사각형* 넓이의 반이에요. 따라서 마름모의 넓이는 직사각형의 넓이를 구해 반으로 나누면 돼요. 이때 직사각형의 가로와 세로의 길이는 각각 마름모의 두 대각선*의 길이와 같아요. 즉, 두 대각선의 곱을 반으로 나누면 마름모의 넓이가 돼요.

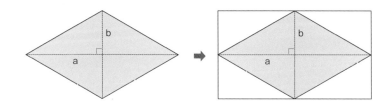

마름모의 넓이 = (직사각형의 넓이)÷2

= (가로)×(세로)÷2

= (대각선 a)×(대각선 b)÷2

---

* 마름모 ● 58쪽　　* 직사각형 ● 59쪽　　* 대각선 ● 198쪽

원의 넓이

원의 크기

원*을 아래 그림처럼 무수히 작게 잘라서 서로 엇갈리게 붙이면 점점 직사각형에 가까워져요. 이때 직사각형*의 가로의 길이는 원의 둘레인 원주*의 반이 되고 세로는 반지름이 돼요.

원주의 길이는 (지름)×(원주율 π)이므로 원의 넓이 S는 원주의 반 πr과 반지름 r의 곱으로 구할 수 있어요.

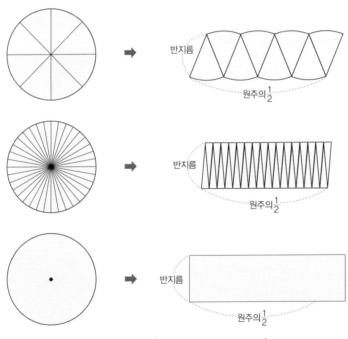

원의 넓이 $S = (원주의 \frac{1}{2}) \times (반지름) = 2\pi r \times \frac{1}{2} \times r = \pi r^2$

---

* 원 **ㅇ** 67쪽 　　 * **직사각형 ㅇ** 59쪽 　　 * **원주 ㅇ** 70쪽

겉넓이 surface area

다면체의 겉을 둘러싼 평면도형들의 넓이의 합

겉넓이는 어떤 물체의 겉면의 넓이를 말해요. 수학에서 겉넓이는 다면체[*]의 겉을 둘러싸고 있는 평면도형[*]들의 넓이의 합을 뜻해요.

* 다면체 ○ 72쪽   * 평면도형 ○ 50쪽

부피 volume

입체의 크기

입체는 3차원이며 입체의 크기를 부피라고 해요. 어떤 입체가 공간에서 차지하는 크기가 부피예요. 입체도형[*]의 부피를 잴 때는 가로, 세로 높이가 모두 1인 정육면체[*]를 단위도형으로 해서 부피를 재는데, 가로, 세로, 높이가 각각 1cm인 정육면체의 부피를 1cm³세제곱센티미터라고 해요. 즉, 정육면체의 부피는 길이[*]의 세제곱이에요.

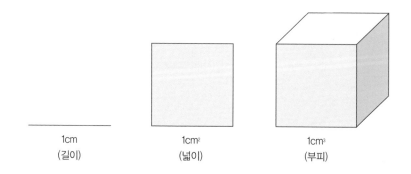

1cm	1cm²	1cm³
(길이)	(넓이)	(부피)

* 입체도형 ○ 71쪽   * 정육면체 ○ 75쪽   * 길이 ○ 82쪽

들이

입체 안의 빈 공간의 크기

들이는 주전자나 우유병 같은 물체의 안쪽 공간의 크기를 말해요. 부피가 물체의 전체 크기를 말한다면 들이는 물체 안의 빈 공간의 크기, 어떤 물체가 담을 수 있는 최대량을 말해요. 그러니까 부피가 크다고 반드시 들이가 큰 건 아니에요. 물체의 들이를 나타내기 위해서는 mL밀리리터와 L리터 같은 단위를 써요.

들이의 단위는 순수한 물의 질량˚을 기준으로 정해졌기 때문에 물 1g을 1mL라고 해요. 가로, 세로, 높이가 각각 1cm인 그릇의 들이가 1mL밀리리터예요. 물 1mL는 1g의 질량을 가지며 1cm³의 부피와 같아요.

1L=1000cm³고, 1mL=1cm³이므로 1L=1000cm³=1000mL예요.

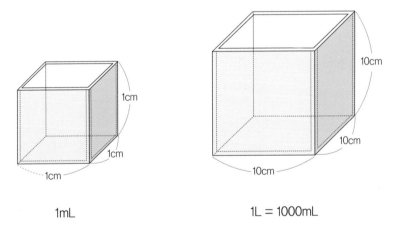

1mL   1L = 1000mL

˚ **질량 ○** 99쪽

직육면체의 겉넓이

직육면체를 둘러싼 직사각형 넓이의 합

직육면체˙ 6개 면˙의 넓이의 합이 직육면체의 겉넓이예요. 직육면체는 6개의 직사각형˙으로 둘러싸인 입체도형이니까 이 직사각형들의 넓이를 구해서 모두 더하면 직육면체의 겉넓이가 되는 거예요.

가로 2cm, 세로 3cm, 높이 4cm인 직육면체의 겉넓이를 구해 볼까요? 전개도를 그려 놓고 보면 이해하기가 훨씬 쉬워요.

6개 면의 넓이의 합을 구해 보면, $(2 \times 3) + (2 \times 3) + (2 \times 4) + (2 \times 4) + (3 \times 4) + (3 \times 4) = 52cm^2$이에요. 직육면체의 마주 보는 면은 서로 합동˙이므로 서로 다른 세 면 A, B, C의 넓이를 더한 후 그걸 2배해도 돼요.

즉, $\{(2 \times 3) + (2 \times 4) + (3 \times 4)\} \times 2 = 52cm^2$예요.

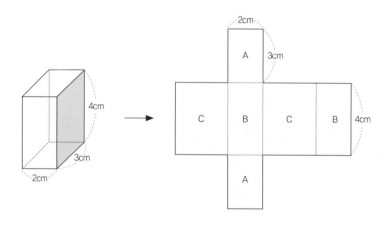

(직육면체의 겉넓이) = (앞면의 넓이+옆면의 넓이+밑면의 넓이)×2

˙ 직육면체 ➊ 75쪽　　˙ 면 ➊ 43쪽　　˙ 직사각형 ➊ 59쪽　　˙ 합동 ➊ 65쪽

정육면체의 겉넓이
정육면체를 둘러싼 정사각형 넓이의 합

정육면체˙의 6개 면˙의 넓이의 합이 정육면체의 겉넓이예요. 정육면체는 각 면이 합동인 6개의 정사각형˙이므로, 정육면체의 겉넓이는 한 면 A의 넓이를 구해 6배하면 돼요.

한 변˙의 길이가 3cm인 정육면체의 겉넓이는 $(3 \times 3) \times 6 = 9 \times 6 = 54(cm^2)$예요.

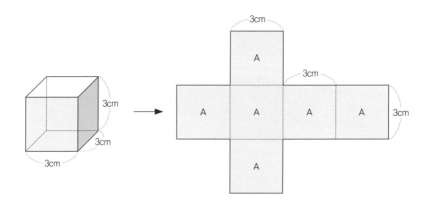

(정육면체의 겉넓이) = (한 면의 넓이)×6

˙ 면 **ㅇ** 43쪽　　˙ 정육면체 **ㅇ** 75쪽　　˙ 정사각형 **ㅇ** 60쪽　　˙ 변 **ㅇ** 46쪽

원기둥의 겉넓이
원기둥의 밑면과 옆면 넓이의 합

원기둥*은 원*으로 된 밑면 두 개와 직사각형*인 옆면으로 이루어져 있어요. 따라서 원기둥의 겉넓이는 두 개의 밑면의 넓이와 옆면의 넓이를 더하면 돼요.

(원기둥의 겉넓이) = (밑면의 넓이)×2+(옆면의 넓이)

그런데 원기둥 옆면의 가로는 밑면인 원의 둘레_{원주}*와 같고, 세로는 원기둥의 높이와 같아요. 따라서 다음과 같이 계산해요.

(원기둥의 옆면의 넓이) = (반지름×2×π)×(높이 h) = $2\pi rh$

(원기둥의 겉넓이) = (πr^2×2)+($2\pi r$×h) = $2\pi r(r+h)$

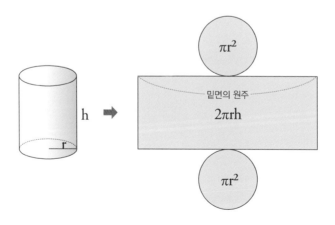

* **원기둥 ○** 77쪽   * **원 ○** 67쪽   * **직사각형 ○** 59쪽   * **원주 ○** 70쪽

직육면체의 부피

직육면체의 크기

부피를 나타내는 기본단위는 cm³세제곱센티미터예요. 한 모서리˚의 길이가 1cm인 정육면체의 부피는 1cm³인데, 이것을 이용해서 직육면체˚의 부피를 구할 수 있어요. 즉, 어떤 직육면체의 부피를 구하는 것은 1cm³의 부피를 가진 나무상자가 몇 개 쌓여 있는지를 알아내는 것과 같아요.

가로 2cm, 세로 3cm, 높이 4cm인 직육면체의 부피를 구해 볼까요? 아래 그림에서 보듯 1cm³ 부피의 나무상자 개수는 2×3×4개예요. 그러므로 가로 2cm, 세로 3cm, 높이 4cm인 직육면체의 부피는 2cm×3cm×4cm=24cm³가 돼요.

결국 직육면체의 부피는 밑넓이에 높이를 곱한 값과 같아요.

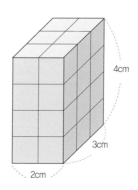

(직육면체의 부피) = (밑넓이) × (높이) = (가로) × (세로) × (높이)

˚ 모서리 ⊙ 46쪽 　˚ 직육면체 ⊙ 75쪽

정육면체의 부피

정육면체의 크기

정육면체*의 부피는 직육면체의 부피와 같은 방식으로 구하면 돼요. 즉, 어떤 정육면체의 부피는 1cm³의 부피를 가진 나무상자가 몇 개 쌓여 있는지를 알아내는 것과 같아요.

예를 들어 가로, 세로, 높이 각각 3cm인 정육면체의 부피는 3cm× 3cm×3cm=27cm³예요. 결국 정육면체의 부피도 밑넓이에 높이를 곱한 값과 같아요.

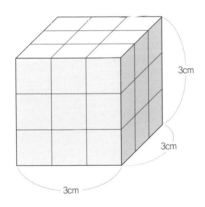

3cm

3cm

3cm

(정육면체의 부피) = (가로) × (세로) × (높이) = (한 모서리의 길이)³

• **정육면체** ○ 75쪽

원기둥의 부피

원기둥의 크기

원기둥*을 무수히 잘게 잘라서 이어 붙이면 직육면체*가 되는데 이것을 이용하면 원기둥의 부피를 구할 수 있어요. 직육면체의 부피 구하는 방법을 이용해 원기둥의 부피를 구할 수 있는 거예요. 직육면체의 부피는 (가로)×(세로)×(높이)이므로 원기둥의 부피는 다음과 같아요.

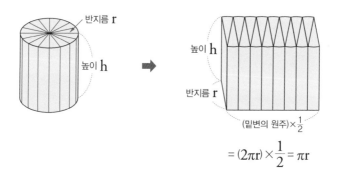

$$= (2\pi r) \times \frac{1}{2} = \pi r$$

$$\text{(원기둥의 부피)} = \text{(원주의 } \frac{1}{2})\times\text{(반지름)}\times\text{(높이)}$$
$$= (2\pi r)\times\frac{1}{2}\times(r)\times(h) = \pi r^2 h$$

$$\text{(원기둥의 부피)} = \text{(밑넓이)}\times\text{(높이)} = \pi r^2 h$$

* **원기둥 ○** 77쪽   * **직육면체 ○** 75쪽   * **원주 ○** 70쪽

질량 質量 mass
어떤 물체가 가진 고유한 양

어떤 물체가 가지고 있는 고유한 양을 질량이라고 해요. 기준 단위는 킬로그램이에요.

처음에는 4℃인 순수한 물 1L의 질량을 1킬로그램으로 정했어요. 하지만 물의 질량은 여러 조건에 따라 달라지기 때문에 지금은 킬로그램의 기준이 되는 금속덩어리인 '국제 킬로그램 원기'를 따로 만들어 놓았어요. 질량은 어디에서나 일정해요.

무게 weight
지구의 중력이 어떤 물체를 끌어당기는 힘의 정도

무게는 어떤 물건의 무거운 정도를 수치로 나타낸 거예요. 모든 물체는 서로 끌어당기는 힘인 중력을 가지고 있는데, 지구의 중력이 물체를 끌어당기는 힘의 정도가 바로 무게예요. 따라서 무게는 중력에 따라 달라져요. 달처럼 중력이 지구보다 약한 곳에 가면 무게도 그만큼 줄어들어요. 달의 중력은 지구의 $\frac{1}{6}$이니까 지구에서 몸무게가 60kg인 사람이 달에서는 몸무게가 10kg으로 줄어들어요. 반대로 중력이 지구보다 강한 행성에 가면 그만큼 몸무게가 무거워져요.

참값 true value
어떤 물건이 실제로 갖고 있는 정확한 값

어떤 물건의 크기나 무게, 길이 등 그 물건이 실제로 갖고 있는 정확한 값을 말해요. 실제값이라고도 해요.

근삿값 approximate value
참값에 가까운 값

참값에 가까운 값을 근삿값이라고 해요. 다른 말로 어림수라고도 해요. 근삿값은 항상 오차를 포함하고 있어요.

오차 誤差 error
참값과 근삿값의 차이

참값과 근삿값 사이의 차이를 오차라고 해요. 예를 들어, 참값이 153cm이고 근삿값이 152cm이면, 오차는 153−152=1(cm)예요.

올림 round up 버림 chopping 반올림 round off
근삿값을 만드는 방법

근삿값을 만들 때는 올림, 버림, 반올림의 방법을 써요. 올림은 구하려는 자리의 아래에 0이 아닌 수가 있으면 구하려는 자리의 수를 1 크게 하고 그 아랫자리의 수를 모두 0으로 나타내는 방법이에요. 버림은 구하려는 자리의 아랫자리의 수를 숫자에 상관없이 모두 버려서 0으로 나타내는 방법이에요. 반올림은 말 그대로 구하려는 자리의 한 자리 아래 숫자가 0, 1, 2, 3, 4면 버리고 5, 6, 7, 8, 9면 올리는 방법이에요.

예를 들어 4762를 십의 자리에서 올림, 내림, 반올림하여 백의 자리까지 나타내 보아요.

① 올림 : 백의 자리 숫자인 7을 1 크게 하여 8로 만들고, 십의 자리 숫자 6과 일의 자리 숫자 2는 0으로 만들어요.

$$4762 \xrightarrow{\text{올림}} 4800$$

② 버림 : 백의 자리 아래인 십의 자리 숫자 6과 일의 자리 숫자 2를 버려서 0으로 만들어요.

$$4762 \xrightarrow{\text{버림}} 4700$$

③ 반올림 : 백의 자리보다 한 자리 아래인 십의 자리 숫자가 6이므로 올려서 백의 자리 숫자를 1 크게 해요.

$$4762 \xrightarrow{\text{반올림}} 4800$$

유효숫자 有效數字 significant digit
근삿값을 나타내는 숫자 중 믿을 수 있는 숫자

근삿값[*]을 나타내는 숫자 중에서 믿을 수 있는 숫자를 그 근삿값의 유효숫자라고 해요. 어떤 수를 반올림했다면, 반올림[*]한 바로 윗자리까지가 유효숫자예요.

예를 들어, 4762를 십의 자리에서 반올림해서 4800이 되었다면 유효숫자는 4, 8이에요. 십의 자리와 일의 자리는 반올림을 통해 원래의 숫자가 사라지고 0만 남은 것이기 때문이에요.

* 근삿값 ◐ 100쪽   * 반올림 ◐ 101쪽

부등호 不等號 sign of inequality
수의 크기를 비교해서 나타낼 때 쓰는 기호

수의 크기를 비교할 때, 즉 수의 대소大小관계를 나타낼 때는 부등호 <, > 또는 ≤, ≥를 사용해요. a라는 수가 b라는 수보다 크면 a>b로, a가 b보다 작으면 a<b 로, a가 b보다 크거나 같으면 a≥b로, a가 b보다 작거나 같으면 a≤b로 나타내요.

예를 들어, 3과 5의 크기를 비교해서 부등호로 나타내면 3<5로 나타낼 수 있어요.

이상, 이하, 초과, 미만 以上 以下 超過 未滿
above, below, excess, under
수의 범위

이상, 이하, 초과, 미만은 모두 수의 범위를 나타내는 말이에요. 이상은 어떤 수와 같거나 큰 수, 이하는 어떤 수와 같거나 작은 수를 말해요. 초과는 어떤 수보다 큰 수, 미만은 어떤 수보다 작은 수를 말해요. 부등호로 표시해 보면 헷갈리지 않고 쉽게 구분할 수 있어요.

초과($x>y$) : x는 y보다 크다.

미만($x<y$) : x는 y보다 작다.

이상($x\geq y$) : x는 y보다 크거나 같다.

이하($x\leq y$) : x는 y보다 작거나 같다.

'이상'과 '이하'에는 그 수도 같이 포함된다는 걸 기억해.

4장 확률과 통계

확률과 통계는 우리에게 정보를 제공해 주고 일상생활 속에서 우리가 합리적인 판단을 하고 결정하도록 도와주는 도우미 역할을 하는 중요한 분야예요. 확률確率 probability은 어떤 사건이 일어날 가능성을 수로 나타낸 것이고 통계統計 statistics는 일상생활이나 여러 가지 현상에 대한 자료를 한눈에 알아보기 쉽게 수치로 나타낸 것이에요.

일기예보, 주가 예측, 물가변동, 태풍의 경로 등 미래를 예측할 때나, 우주선의 항로 예측 같은 첨단공학 분야에서도 확률은 매우 중요하게 쓰이고 있어요. 통계는 대통령 선거 결과 집계, 전국수학능력시험 성적 분석 등에서 매우 중요한 역할을 하지요. 각종 여론조사에서도 실질적으로 매우 중요하게 쓰이고 있어요. 신문이나 텔레비전을 통해 수많은 통계 자료들이 매일 같이 나오는 걸 보면 통계는 우리의 실생활과 밀접한 관계가 있음을 알 수 있어요.

사건 事件 event
어떤 실험이나 시행의 결과로 발생할 수 있는 일

어떤 일이 일어나는 것을 사건이라고 해요. 수학에서는 어떤 실험이나 시행의 결과로 발생할 수 있는 일을 사건이라고 해요. 예를 들어, 주사위를 던지면 3이 나온다든지, 동전을 던지면 앞면이 나온다든지 하는 일이 사건이에요.

경우의 수 odds

어떤 사건이 일어날 수 있는 가지의 수

어떤 일이 일어날 수 있는 가지 수를 경우의 수라고 해요. 예를 들어, 동전 한 개를 던질 때 면이 나오는 경우의 수는 2예요. 동전에는 앞면과 뒷면, 2개의 면이 있으니까요.

〈동전 한 개를 던질 때 면이 나오는 경우의 수〉

①앞면이 나오는 경우　　　②뒷면이 나오는 경우

그럼 주사위 한 개를 던질 때 나오는 눈이 짝수인 경우의 수는 어떻게 될까요? 주사위 한 개를 던질 때 나올 수 있는 눈은 1, 2, 3, 4, 5, 6의 6가지이고, 짝수인 경우는 2, 4, 6의 3가지예요. 따라서 주사위 한 개를 던질 때 짝수의 눈이 나오는 경우의 수는 3이에요.

수형도 樹型圖 tree diagram
경우의 수를 따질 때 사용하는 나뭇가지 그림

두 가지 이상의 사건"이 동시에 일어나거나 복잡한 사건의 경우에 경우의 수"를 따질 때에는 그림으로 그려보면 한눈에 알아보기가 편해요. 이럴 때 사용하는 나뭇가지 그림을 수형도라고 해요. 수형樹型은 '나무 형태'라는 뜻이에요.

두 사람이 가위바위보를 할 때의 경우의 수를 수형도로 나타내면 아래와 같아요.

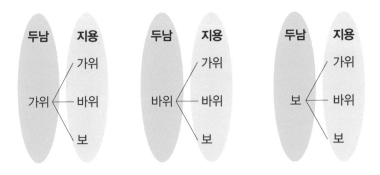

수형도는 나뭇가지가 뻗어나가는 모습으로 되어 있어서 사건 전체의 경우의 수를 쉽게 파악할 수 있어요. 특히 순서가 있는 경우의 수를 구할 때 수형도를 그려서 나타내면 모든 경우를 빠뜨리지 않고 구할 수 있어서 정말 편리해요.

숫자카드 7, 8, 9 세 장으로 만들 수 있는 두 자리 수는 몇 개일까요? 수형도를 그려 경우의 수를 따져보면 쉽게 알 수 있어요.

십의 자리   일의 자리

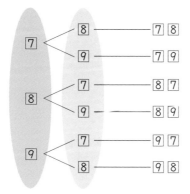

먼저 십의 자리에 올 수 있는 수는 7, 8, 9의 3가지고, 십의 자리가 정해지면 일의 자리엔 2가지가 올 수 있어요. 따라서 숫자카드 7, 8, 9 세 장으로 만들 수 있는 모든 경우의 수는 3×2, 즉 6가지예요.

* 경우의 수 ○ 107쪽   * 사건 ○ 106쪽

확률 確率 probability
어떤 사건이 일어날 수 있는 가능성을 나타낸 수

확률은 '틀림없는 확실한 정도를 나타내는 비율' 또는 '어떤 일이 일어날 수 있는 가능성의 정도'라고 할 수 있어요. 즉, 확률은 어떤 사건이 일어날 가능성을 수로 나타낸 것으로, 모든 경우의 수에 대한 특정한 경우의 수의 비율을 말해요.

확률 = (특정한 경우의 수) ÷ (모든 경우의 수)

예를 들어, 주사위를 던져서 홀수가 나올 확률을 구해 볼까요? 주사위를 던져서 나올 수 있는 모든 경우의 수는 1, 2, 3, 4, 5, 6의 6가지이고, 그중에서 홀수가 나오는 경우의 수는 1, 3, 5의 3가지이므로 주사위를 던져서 홀수가 나올 확률은 $3 \div 6 = \frac{1}{2}$ 이에요.

어떤 사건이 일어날 확률을 P라고 할 때, 절대로 일어날 수 없는 사건의 확률은 0이고, 반드시 일어나는 사건의 확률은 1이에요. 따라서 어떤 사건이 일어날 확률은 항상 0 이상 1 이하, 즉 $0 \le P \le 1$이 돼요. 백분율로 나타내면 0%~100%가 되지요.

그리고 사건 A가 있을 때, A가 일어나지 않는 사건을 여사건餘事件이라고 해요. 여餘는 '남는다'는 뜻이에요. 사건 A가 일어날 확률이 P이면, 사건 A가 일어나지 않을 확률은 1-P예요.

예를 들어, 쏜 화살은 반드시 꽂히는 회전 원판에 1개의 화살을 쏘았을 때 화살이 빨간색을 맞힐 확률과 빨간색을 맞히지 못할 확률은 어떻게 될까요?

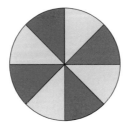

8등분된 원판에서 빨간색 부분은 3곳이니까 화살이 빨간색을 맞힐 확률은 $\frac{3}{8}$이고, 빨간색을 맞히지 못할 확률은 전체 확률(1)에서 화살이 빨간색을 맞힐 확률($\frac{3}{8}$)을 뺀 $\frac{5}{8}$예요. 이 값은 화살이 하늘색을 맞힐 확률($\frac{4}{8}$)과 보라색을 맞힐 확률($\frac{1}{8}$)의 합과 같아요.

빨간색을 맞힐 경우의 수 : 3 ➡ 확률은 $\frac{3}{8}$

하늘색을 맞힐 경우의 수 : 4 ➡ 확률은 $\frac{4}{8}$

보라색을 맞힐 경우의 수 : 1 ➡ 확률은 $\frac{1}{8}$

$$\frac{3}{8} + \frac{4}{8} + \frac{1}{8} = 1$$

그래프 graph

자료를 알기 쉽게 막대, 그림, 점 등으로 나타낸 것

여러 가지 자료를 분석해서 알기 쉽게 막대, 그림, 점, 직선 등을 이용해 나타낸 것을 말해요. 그래프의 종류에는 막대그래프[*], 그림그래프[*], 꺾은선그래프[*], 원그래프[*] 등이 있어요. 자료의 성격에 따라서 어떤 그래프를 사용할지가 달라져요.

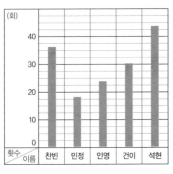

막대그래프

그림그래프

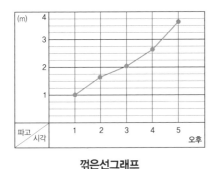

꺾은선그래프

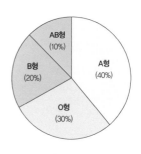

원그래프

[*] 막대그래프 ● 114쪽   [*] 그림그래프 ● 115쪽   [*] 꺾은선그래프 ● 116쪽   [*] 원그래프 ● 118쪽

줄기와 잎 그림
자료를 줄기와 잎으로 나타낸 그림

조사한 자료를 줄기와 잎으로 나타낸 그림이에요. 표와 그래프를 혼합한 것으로 세로선을 중심으로 왼쪽에 있는 수를 줄기, 오른쪽에 있는 수를 잎이라고 해요.

예를 들어, 은지네 학교 선생님들의 나이를 줄기와 잎 그림으로 나타내 보아요. 우선 선생님 24명의 나이를 조사해서 표로 만들어요.

선생님들의 나이　　　　　　　　(단위 : 세)

45	44	50	34	40	48	58	29
39	27	47	52	54	36	28	42
49	31	56	35	43	53	33	61

선생님들의 나이를 정리한 위의 표를 보고 줄기와 잎 그림을 아래처럼 만들면 돼요. 줄기는 선생님들 나이의 십의 자리 숫자를 나타내고, 잎은 일의 자리 숫자를 나타내요.

줄기	잎	(단위 : 세)
2	7 8 9	
3	6 4 9 1 3 5	
4	0 2 5 7 3 8 9 4	
5	4 6 2 0 3 8	
6	1	

위의 줄기와 잎 그림을 보면 40대 선생님들이 가장 많다는 점과 전체적으로 고른 연령대로 구성되어 있다는 점을 쉽게 알 수 있어요.

막대그래프 bar graph
조사한 수를 막대로 나타낸 그래프

막대그래프는 조사한 수를 막대로 나타낸 그래프예요. 비교 대상이 여럿일 때 각각의 자료를 한곳에 모아 막대 모양으로 그린 그림이에요. 막대그래프는 전체 수량의 많고 적음을 한눈에 쉽게 파악할 수 있고 각각의 크기를 비교하기가 편리해요.

아래 표는 5학년 3반 다섯 아이들의 윗몸일으키기 횟수예요. 이것을 막대그래프로 나타내면, 다섯 아이들 각각의 윗몸일으키기 횟수를 막대의 높이로 나타내니까 서로 비교하기가 쉬워요. 누가 가장 적게 했는지, 누가 가장 많이 했는지도 한눈에 금방 알 수 있어요.

이름	찬빈	민정	인영	건이	석현
횟수(회)	36	18	24	30	44

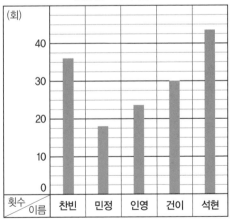

윗몸일으키기 횟수

그림그래프 pictograph
조사한 수를 간단한 그림의 크기로 나타낸 그래프

그림그래프는 조사한 수를 간단한 그림의 크기로 나타낸 그래프예요. 조사해서 나타내고자 하는 대상이 인구수라면 사람 그림을, 펭귄 수라면 펭귄 그림을, 자동차 대수면 자동차 그림을, 사과 생산량이면 사과 그림을 그려 그래프로 그리는 방법이에요. 그림의 크기와 개수로 수량의 많고 적음을 한눈에 쉽게 알아볼 수 있는 장점이 있어요.

그림그래프 그리는 순서는 ①수량을 어떤 그래프로 나타낼지 정하고 ②크기에 따라 알맞은 수를 정하고 ③수량을 나타내는 데 알맞은 개수를 알아보면 돼요.

그림그래프를 읽을 때는 가장 많은 것과 적은 것을 알아보고, 가장 많은 것과 가장 적은 것의 차이를 알아보면 돼요. 단, 합계를 구할 때에는 그래프보다 표를 이용하는 것이 더 정확하고 편리해요.

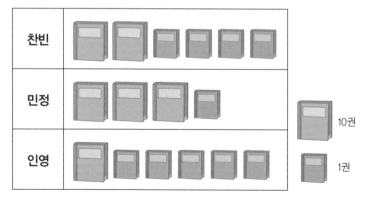

1년 동안 읽은 책의 권 수

꺾은선그래프 broken line graph

각 수량을 점으로 표시하고 선분으로 이은 그래프

꺾은선그래프는 각 수량을 점으로 표시하고 그 점들을 선분으로 이은 그래프예요. 연속된 수량의 변화를 꺾은선 모양으로 나타낸 거예요. 그래프의 모양이 선을 중간 중간 꺾어놓은 모습이라서 꺾은선그래프라고 해요.

꺾은선그래프는 시간의 흐름에 따라 연속적으로 변화하는 모양과 변화의 정도를 나타내는 데 아주 효과적인 그래프예요. 꺾은선그래프에서 필요 없는 부분을 줄여서 나타낼 때는 물결선≈을 사용해요.

아래 그래프는 시간에 따른 파도의 높이 변화를 꺾은선그래프로 나타낸 거예요. 오후 1시에 낮았던 파도의 높이파고가 시간이 지날수록 점점 높아지면서 오후 5시엔 3.6m까지 올라갔음을 쉽게 알 수 있어요.

시간에 따른 파도의 높이

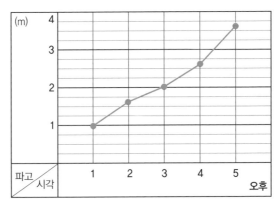

띠그래프 band graph

전체에 대한 항목의 크기를 비율로 나타낸 그래프

띠그래프는 전체에 대한 각 항목의 크기를 비율*로 나타낸 그래프예요. 막대그래프와 꺾은선그래프가 자료의 크기, 분포, 변화 등을 나타내기에 적합하다면, 띠그래프는 전체에 대한 부분의 비율을 한눈에 알아보기에 좋아요.

다음은 민주네 반 아이들 40명의 혈액형 분포를 띠그래프로 나타낸 거예요.

민주네 반 친구들 40명의 혈액형 분포

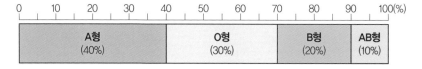

40명 각각의 혈액형을 조사해 보니 A형 16명40%, O형 12명30%, B형 8명20%, AB형 4명10%으로 나타났어요. 이 자료를 가지고 띠그래프를 그려 보면, 민주네 반에서 가장 많은 혈액형이 A형임을 알 수 있어요. 또한 O형은 전체의 30%, B형은 전체의 20%, AB형은 전체의 10%를 차지하고 있음을 알 수 있어요.

* 비율 **◐**130쪽

원그래프 circle graph
전체에 대한 각 부분의 비율을 부채꼴 모양으로 나타낸 그래프

원그래프는 전체에 대한 각 부분의 비율을 부채꼴* 모양으로 나타낸 그래프예요. 부채꼴의 넓이가 넓을수록 전체에서 차지하는 비율도 높아요.

아래 그림은 117쪽에서 띠그래프로 나타냈던 민주네 반 아이들의 혈액형 분포를 원그래프로 나타낸 거예요. 비율이 가장 낮은 혈액형은 AB형이고 비율이 가장 높은 혈액형은 A형임을 한눈에 쉽게 알 수 있어요.

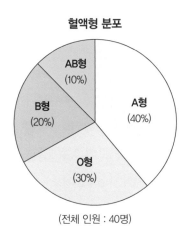

혈액형 분포

(전체 인원 : 40명)

* 부채꼴 **○** 69쪽

평균 平均 mean
자료 전체의 합을 자료의 개수로 나눈 값

자료 전체의 합을 자료의 개수로 나눈 값을 평균이라고 해요. 평균平均은 '평평하고 고르다.'는 뜻이에요. 평균을 구한다는 것은 조사한 여러 개의 자료를 평평하고 고르게 만드는 중간 값을 구하는 거예요. 평균을 영어로 'mean'이라고 하는데 '중간', '가운데'라는 의미가 들어 있어요.

예를 들어, 소희네 학교 6학년 각 반별로 안경 쓴 학생 수를 조사하여 한 반당 안경을 쓴 학생 수의 평균을 구해 보아요.

6학년 반별 안경 쓴 학생 수

반	1	2	3	4	5
학생 수(명)	18	21	23	17	21

1반부터 5반까지 전체에서 안경을 쓴 학생 수는 100명(18+21+23+17+21)이에요. 6학년은 반이 5개이므로, 전체 반의 수인 5로 나누면 한 반당 안경 쓴 학생 수가 나와요. 100÷5=20이므로 20명이 평균이에요.

평균은 학교, 가정, 회사, 기상청 등 우리 사회의 일상생활 속에서 아주 유용하게 사용되고 있어요. 어떤 자료의 평균을 임시로 어림잡은 값은 가평균이라고 해요. 가평균은 말 그대로 '가짜假 평균'이에요. 가평균과 평균의 차이는 편차偏差라고 해요.

5장 규칙성과 문제 해결

규칙規則 pattern은 집, 학교, 도로, 백화점, 지하철, 아파트 단지 등 우리의 생활 주변 곳곳에서 자주 접할 수 있어요. 길에 깔린 보도블록의 무늬 배열, 목욕탕의 타일 모양, 가로수 간격, 일정한 간격으로 운행되는 지하철 같은 것들은 모두 수학의 규칙성 원리를 이용해 만든 거예요. 수의 규칙적 배열인 수열에서는 앞의 수와 뒤의 수의 규칙 관계를 따져 다음 수를 예측할 수 있고, 도형에서는 도형들 사이의 공통성을 찾아내 다음 도형의 모양이나 구조를 찾아낼 수 있어요.

문제 해결은 초등 수학 전 과정에 나오는데 이때 배우는 방정식은 함수 단원과 일접한 관련이 있어요. 때문에 문자나 식과 관련된 기본 용어들의 개념과 의미를 정확히 익혀 두어야 해요.

반복 反復 repeat과 배열 配列 array

어떤 수나 모양 등이 규칙적으로 되풀이되는 것 / 일정한 차례나 간격에 따라 늘어놓는 것

반복은 어떤 사물의 수, 모양 등이 규칙적으로 되풀이 되는 것을 말해요. 반복되는 규칙을 찾으면 다음에 무엇이 올지 알 수 있어요. 벽돌이나 타일의 무늬, 신호등이 바뀌는 순서, 시간표나 달력의 순서 등 반복되는 규칙은 우리 생활 곳곳에서 찾을 수 있어요.

아래 도형 그림에서 규칙을 찾아 네 번째 도형의 그림을 예측해 보아요.

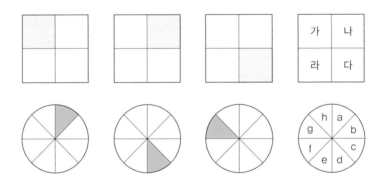

위의 두 가지 그림에 숨어 있는 규칙은 간단해요. 사각형 그림에서는 시계 방향으로 한 칸씩, 원판 그림에서는 시계 방향으로 세 칸씩 옮겨가며 색이 칠해지고 있어요. 따라서 라와 b에 각각 색을 칠하면 돼요.

이번엔 숫자들 사이에 숨어 있는 규칙을 찾아보아요.

1　3　5　7　9　(가)

이 숫자들은 앞의 수보다 2만큼씩 커지는 규칙으로, 홀수들의 나열이에요. 따라서 (가)에 올 수는 11이에요.

이처럼 숫자나 도형의 어떤 규칙이 반복되는 성질을 규칙성이라고 해요.

규칙은 모양, 색깔, 소리 등 다양한 방식으로 나타날 수 있어요. 일정한 차례나 간격에 따라 늘어놓는 것을 배열이라고 하는데, 아름다운 색채와 모양의 규칙적 배열은 사람의 눈과 마음을 편안하게 해 주는 효과가 있기 때문에 수학의 규칙성 원리는 디자인이나 광고 등 여러 분야에 매우 다양하게 활용되고 있어요.

쌓기나무

여러 가지 모양의 입체도형을 만드는 나무 도구

쌓기나무는 정육면체* 모양의 입체도형*이에요. 여러 가지 모양의 입체도형을 만드는 데 유용하게 쓰이는 나무 도구로, 쌓기나무를 쌓는 방법은 성벽이나 단, 탑 같은 건축물을 쌓을 때 응용되곤 해요.

쌓기나무를 쌓는 방법은 엇갈리게 쌓는 방법과 엇갈리지 않게 쌓는 방법 두 가지가 있어요. 진시황 때 지어진 중국의 만리장성은 엇갈리게 쌓은 것이고, 우리나라의 남한산성은 엇갈리지 않게 쌓은 것이에요.

쌓기나무는 보는 위치에 따라 모양이 달라져요. 가려서 보이지 않는 쌓기나무도 있기 때문에 전체 개수를 셀 때는 층별로 나누어 순서대로 세는 게 좋아요.

아래 그림은 쌓기나무 8개로 쌓은 입체도형이에요. 앞, 위, 옆에서 본 모양을 각각 그려 보면 다음과 같아요.

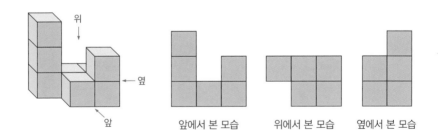

앞에서 본 모습	위에서 본 모습	옆에서 본 모습

* **정육면체 ○** 75쪽   * **입체도형 ○** 71쪽

쪽매맞춤 tessellation

같은 모양을 반복해서 빈틈이나 겹치는 부분 없이 채우는 것

쪽매맞춤은 '쪽 맞추기'라고도 하는데 같은 모양을 반복해서 빈틈이나 겹쳐지는 부분이 없도록 채우는 것을 말해요. 주로 평행이동옮기기, 회전이동돌리기, 반사뒤집기 같은 방법을 써서 도형의 빈 곳이 없도록 채우는 방법이에요.

평행이동은 도형 위의 모든 점˚을 같은 방향으로 같은 거리만큼 옮기는 거예요. 회전이동은 한 점을 중심으로 도형을 회전시켜 이동하는 것이고, 반사는 거울에 반사된 것처럼 대칭˚이 되게 모양을 뒤집는 거예요.

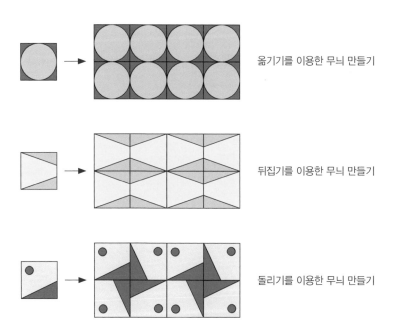

옮기기를 이용한 무늬 만들기

뒤집기를 이용한 무늬 만들기

돌리기를 이용한 무늬 만들기

˚ 점 ○ 42쪽   ˚ 대칭 ○ 61쪽

문자식 文字式 literal expression
수량 사이의 관계를 문자를 사용하여 나타낸 식

문자식은 수량과 수량 사이의 관계를 a, b, c 같은 문자를 사용하여 나타낸 식을 말해요. 예를 들어, 홀수를 표기할 때마다 1, 3, 5, 7, 9, 11, 13,…… 이런 방식으로 쓴다면 무척 불편할 거예요. 바로 이럴 때 자연수˚를 대신하는 문자 n을 써서 '2n-1'처럼 간단하게 홀수를 나타낼 수 있어요.

문자식을 쓸 때는 곱셈 기호 ×는 생략하고(a×b×c=abc), 숫자는 문자 앞에 써요(a×3=3a). 같은 문자의 곱은 거듭제곱˚으로 나타내고(a×a×b×3=3a²b), 괄호가 있는 식과 수의 곱은 (a+b)×3=3(a+b)처럼 수를 앞에 써요. 나눗셈 기호 ÷는 쓰지 않고 분수˚의 꼴로 나타내고(a÷b=$\frac{a}{b}$), 1 또는 -1과의 곱이나 몫에서 1은 생략해요(-1×a×b=-ab).

˚ **자연수 ◐** 13쪽　　˚ **거듭제곱 ◐** 157쪽　　˚ **분수 ◐** 14쪽

대입 代入 substitution
문자식에서 문자 대신 수를 넣는 것

　문자를 사용한 식에서 문자 대신에 수를 넣는 것을 '대입한다'고 해요. 대입代入은 '대신 넣는다.'는 뜻이에요. 앞서 문자식에서, 홀수를 표기할 때 자연수를 대신하는 문자 n을 써서 '2n-1'처럼 간단하게 나타낼 수 있다고 했어요. 여기에 n 대신 1, 2, 3, ……를 넣으면

　2×1-1=1, 2×2-1=3, 2×3-1=5, ……와 같은 값을 얻을 수 있어요. 이렇게 문자 대신 수를 넣는 게 대입이에요. 그리고 문자 대신 수를 대입하여 얻어진 값을 식의 값이라고 해요.

등식 等式 equality

등호를 사용하여 둘 이상의 수나 식이 같음을 나타낸 식

등식은 등호=를 사용하여 둘 이상의 수나 식이 서로 같다는 것을 나타낸 식이에요. 간단히 말해 등호로 연결된 식이라고 할 수 있어요.

등호의 왼쪽에 있는 수나 식을 좌변, 등호의 오른쪽에 있는 수나 식을 우변이라고 해요. 좌변과 우변을 합쳐 양변이라고 하고요.

$$2x + 1 = 5$$

좌변   우변

등식에서는 등식의 성질이 중요한데, 등식의 양변에 같은 수를 더하거나, 빼거나, 곱하거나, 0이 아닌 같은 수로 나누어도 등식은 성립해요.

즉, A+m=B+m이고, A−m=B−m이고, A×m=B×m이고, A÷m=B÷m이 되지요. (m≠0).

방정식 方程式 equation

문자를 포함한 등식 중 문자의 값에 따라 참이나 거짓이 되는 등식

문자를 포함한 등식 중 문자의 값에 따라 참이 되기도 하고 거짓이 되기도 하는 등식을 방정식이라고 해요. 방정식에 들어 있는 문자는 어떤 수인지 모르기 때문에 미지수未知數라고 해요. 방정식에서는 미지수를 나타내는 문자로 x를 사용해요.

어떤 문제를 해결할 때, 주어진 문제에서 구해야 하는 값을 미지수 x로 놓고 방정식을 세워요. 그리고 x의 값을 구하면 문제를 해결할 수 있어요.

예를 들어, 과일 한 상자를 샀는데 그 안에 배 7개가 들어 있었어요. 한 상자의 가격이 28,000원이었다면 배 1개의 가격이 얼마인지 방정식을 세워 구해 보아요.

구해야 하는 배 1개의 가격을 x원이라고 하면, x원짜리 배 7개가 28,000원이므로 다음과 같은 식을 세울 수 있어요.

$$7x=28000$$

위의 식은 어떤 수에 7을 곱했더니 28000이라는 의미예요. 7을 곱했을 때 28000이 되는 수는 4000이에요.

따라서 x는 4000이고, 배 1개의 가격은 4,000원이에요.

비 比 ratio

두 개 이상의 수를 비교할 때 기호 :를 사용해 나타내는 것

두 개 이상의 수나 양을 비교할 때 어떤 한 수나 양이 다른 것의 몇 배인지 나타내는 것을 비라고 해요. 비는 두 개의 값을 비교하기 위하여 기호 ' : '를 사용하여 나타내요. ' : '를 기준으로 왼쪽에 있는 항이 전항, 오른쪽에 있는 항이 후항이에요. 예를 들어 사과가 3개, 복숭아가 12개 있다면 두 과일의 개수를 비교해 3:12로 나타낼 수 있어요.

비율 比率 rate

기준량에 대한 비교하는 양의 크기

기준량에 대한 비교하는 양의 크기를 비율이라고 해요. 예를 들어, 석현이는 책을 100권 가지고 있는데 그중에서 동화책이 37권이라면, 전체 책의 수에 대한 동화책의 비는 37:100이에요. 이때 37은 비교하는 양이고 100은 기준량이에요. 기준량을 1로 볼 때의 비율을 비의 값이라고 해요. 따라서 37:100의 비의 값은 $\frac{37}{100}$이에요.

$$(비교하는\ 양) : (기준량) \qquad (비율) = \frac{(비교하는\ 양)}{(기준량)}$$

백분율 百分率 percent

기준량을 100으로 할 때의 비율

백분율은 말 그대로 기준량을 100으로 할 때의 비율이에요. 단위는 %퍼센트라는 기호를 써요. 백분율을 구하려면 비의 값에 100을 곱하면 돼요. 비의 값은 기준량을 1로 볼 때의 비율이니까요.

$$\text{백분율(\%)} = (\text{비의 값}) \times 100 = \frac{(\text{비교하는 양})}{(\text{기준량})} \times 100$$

백분율을 소수[*]로 나타내려면, 백분율로 나타낸 수를 100으로 나누면 돼요.

$$37\% = 37 \div 100 = 0.37$$

[*] 소수 ○ 17쪽

할푼리 割分釐

비율을 소수로 나타낼 때 소수 셋째 자리까지를 이르는 말

비율을 소수로 나타낼 때 소수 첫째 자리를 할, 소수 둘째 자리를 푼, 소수 셋째 자리를 리라고 해요. 다시 말해 할은 기준량을 10으로, 푼은 기준량을 100으로, 리는 기준량을 1000으로 하는 비율이에요. 예를 들어 0.345는 3할 4푼 5리, 즉 $0.345 = \frac{3}{10} + \frac{4}{100} + \frac{3}{1000}$ 을 뜻해요. 그리고 75%는 0.75이므로 7할 5푼이에요.

정비례 正比例 direct proportion
한쪽이 커질 때 다른 쪽도 그와 같은 비로 커지는 관계

어떤 두 수 또는 두 양에서, 한쪽이 커질 때 다른 쪽 양도 그와 같은 비로 커지는 관계를 정비례라고 해요.

예를 들어, 자두 1개의 값이 100원이면 2개의 값은 200원, 3개의 값은 300원, ……이에요. 자두의 개수가 처음의 2배, 3배, ……가 됨에 따라 가격도 처음의 2배, 3배, ……로 변하는 거예요.

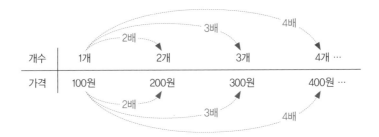

이때 자두의 개수를 x, 자두의 값을 y라 하면 $y=100x$로 나타낼 수 있어요. 이처럼 변하는 두 양 x, y에 대하여 x의 값이 2배, 3배, 4배, …가 됨에 따라 y의 값도 2배, 3배, 4배, ……로 변하는 관계가 있을 때, y는 x에 정비례한다고 해요.

반비례 反比例 inverse proportion
한쪽이 커질 때 다른 쪽은 그와 같은 비로 작아지는 관계

어떤 두 수 또는 두 양에서, 한쪽이 커질 때 다른 쪽은 그와 같은 비로 작아지는 관계를 반비례라고 해요.

예를 들어, 넓이가 36cm²인 직사각형*의 가로와 세로의 길이의 관계를 알아보아요. 직사각형의 넓이는 (가로×세로)이므로, 가로의 길이가 1cm일 때 세로의 길이는 36cm예요. 가로가 2cm이면 세로는 18cm, 가로가 3cm이면 세로는 12cm이지요.

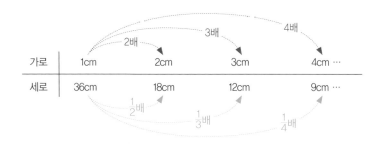

이때 가로의 길이를 x, 세로의 길이를 y라고 하면, $y=36\dfrac{1}{x}$라고 할 수 있어요.

변하는 두 양 x, y에 대하여 x의 값이 2배, 3배, 4배, …가 됨에 따라 y의 값도 $\dfrac{1}{2}$배, $\dfrac{1}{3}$배, $\dfrac{1}{4}$배, ……로 변하는 관계가 있을 때, y는 x에 반비례한다고 해요.

* 직사각형 ○ 59쪽

비례식 比例式 proportional expression

비의 값이 같은 두 비를 등식으로 나타낸 식

1 : 2 = 3 : 6처럼 비의 값이 같은 두 비*를 등식*으로 나타낸 식을 비례식이라고 해요. 비 1 : 2에서 1과 2를 비의 항項이라 하고, 앞에 있는 1을 전항前項, 뒤에 있는 2를 후항後項이라 해요.

그리고 비례식 1 : 2 = 3 : 6에서 바깥쪽에 있는 두 항 1과 6을 외항外項, 안쪽에 있는 두 항 2와 3을 내항內項이라 해요. 비례식에서 내항의 곱과 외항의 곱은 언제나 같은데 이걸 비례식의 성질이라고 해요.

예를 들어 비례식 1 : 2 = 3 : 6에서 내항의 곱은 2×3=6이고 외항의 곱도 1×6=6이에요. 즉, 내항의 곱과 외항의 곱은 모두 6으로 같아요.

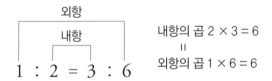

외항
내항

1 : 2 = 3 : 6

내항의 곱 2 × 3 = 6
=
외항의 곱 1 × 6 = 6

* 비 ○ 130쪽   * 등식 ○ 128쪽

연비 連比 continued ratio

셋 이상의 수의 비를 한꺼번에 나타낸 것

　1 : 2 : 3처럼 셋 이상의 수의 비를 한꺼번에 나타낸 것을 연비라고 해요. 연連은 '연결하다'라는 뜻이에요. 연비에서는 두 비의 관계를 연비로 나타내는 것이 중요한데 공통되는 항의 값이 같을 때 : 그대로 연비로 나타내요. 즉, A : B = 1 : 2이고, B : C = 2 : 3일 때는 아래와 같이 나타내면 돼요.

$$
\begin{array}{ccc}
A & : & B & : & C \\
1 & : & \boxed{\begin{array}{c} 2 \\ 2 \end{array}} & : & 3 \\
\hline
1 & : & 2 & : & 3
\end{array}
$$

　공통되는 항의 값이 다를 때는 공통되는 항이 같게 되도록 두 비를 고쳐서 세 수의 연비를 구하면 돼요. 예를 들어 A : B = 1 : 2이고 B : C = 3 : 4일 때 A : B : C를 구하면 다음과 같아요.

$$
\begin{array}{ccccc}
A & : & B & : & C \\
1 & : & \boxed{\begin{array}{c} 2 \\ 3 \end{array}} & : & 4 \\
\hline
(1\times3) & : & (2\times3) & : & (4\times2)
\end{array}
\quad\Rightarrow\quad
\begin{array}{ccccc}
A & : & B & : & C \\
3 & : & \boxed{\begin{array}{c} 6 \\ 6 \end{array}} & : & 8 \\
\hline
3 & : & 6 & : & 8
\end{array}
$$

부록 심화 학습

초등 수학에서 익힌 개념들을 활용해서 심화된 내용을 배우는 과정이 중학 수학이에요. 새롭고 낯선 용어들이 많이 등장하고, 미지수 x, y 같은 문자를 써서 식을 나타내기 때문에 중학 수학이 훨씬 어렵다고 느껴요. 이 장에서는 초등 수학이 중학 수학으로 어떻게 연결되고 심화되는지 알 수 있도록 중1 과정의 수학 용어를 다루었어요. 함수는 중학 수학 전체 과정에서 중요한 역할을 하기 때문에 그 의미를 정확히 익혀 두어야 해요.

1장
수와 연산

인도-아라비아 숫자
우리가 사용하는 1, 2, 3, 4, …… 같은 숫자

현재 우리가 쓰는 숫자인 1, 2, 3, 4, 5, 6, 7, 8, 9, 0이 인도-아라비아 숫자예요. 이 숫자가 처음 만들어진 곳은 인도인데, 왜 인도 숫자라고 부르지 않고 인도-아라비아 숫자라고 부르는 걸까요? 그 이유는, 셈을 많이 하던 아라비아 상인들에 의해 이 숫자가 유럽에 전해졌기 때문이에요. 그래서 예전에는 아라비아 숫자라고 불리기도 했는데, 지금은 인도-아라비아 숫자라고 부르고 있어요.

0 零 zero
크기가 없는 상태

인도-아라비아 숫자의 0은 크기가 없는 상태를 나타내요. 사과 0개, 높이 0m, 5-5=0처럼 아무것도 없는 것을 의미해요.

다른 숫자와 함께 쓰이는 0은 빈자리를 나타내요. "아프리카 코끼리의 몸무게 905kg이에요."라는 말에서, 0이 없다면 905kg은 9 5kg이 될 거예요. 0이 만들어지기 이전에는 '95kg'처럼 그 자리를 비워 놓고 썼는데, 6세기 초에 빈칸을 없애고 그 자리에 동그라미(● O)를 쓰기 시작했어요. 그것이 오늘날의 0이 된 거예요.

0은 기준점을 니다내기도 해요. 0은 양수˚와 음수˚를 나누는 기준점이고, 온도계의 영상과 영하를 나누는 기준점이에요. 또한 어떤 물건의 길이를 재거나 수영 경기, 100미터 달리기 시합, 마라톤 같은 경기 기록을 잴 때 0은 시작점 역할을 해요.

˚ 양수, 음수 ● 13쪽

십진법 十進法 decimal system
0부터 9까지 숫자 10개를 사용하여 수를 나타내는 방법

십진법은 0, 1, 2, 3, 4, 5, 6, 7, 8, 9의 10개 숫자를 사용하여 수를 나타내는 방법이에요. 수의 자리가 왼쪽으로 하나씩 올라감에 따라 자리의 값이 10배씩 커지게 수를 표시해요. 즉, 1이 10개면 10, 10이 10개면 100, 100이 10개면 1000처럼 각 자리의 단위가 10배씩 커지기 때문에 십진법이라고 불러요.

십진법의 수 432는 $(4 \times 10^2) + (3 \times 10) + (2 \times 1)$을 의미해요. 여기서 10^2은 10을 두 번 곱했다는 뜻이에요. 오른쪽 위의 작은 숫자는 수를 곱한 횟수를 나타내지요. 10을 3번 곱하면 10^3, 10을 4번 곱하면 10^4, ……와 같이 표시해요.

십진법은 우리의 일상생활 속에서 수를 계산하거나 숫자를 표기할 때 흔히 쓰는 방법이에요.

십진법의 수	2	3	4	5
자리수	10^3 의 자리	10^2 의 자리	10 의 자리	1 의 자리

이진법 二進法 binary system

0과 1만을 사용하여 수를 나타내는 방법

이진법은 0과 1만을 사용하여 수를 나타내는 방법이에요. 수의 자리가 왼쪽으로 하나씩 올라감에 따라 자리의 값이 2배씩 커지게 수를 표시해요. 이진법을 사용하는 대표적인 것이 컴퓨터예요. 컴퓨터는 이진법을 이용해서 수의 계산을 엄청나게 빠른 속도로 처리해요. 또한 숫자 1은 on, 숫자 0은 off의 뜻으로, 전기 장치의 전원 스위치에 표시되기도 해요.

이진법의 수는 십진법의 수와 구분하기 위하여 $1101_{(2)}$와 같이 숫자 끝에 $_{(2)}$를 달아 나타내고 "이진법의 수 일일영일"이라고 읽어요.

이진법의 수 $101_{(2)}$는 $(1 \times 2^2)+(0 \times 2)+(1 \times 1)$을 의미하기 때문에, 십진법의 수로 나타내면 5예요.

이진법의 수	1	1	0	1
자리수	↑ 2^3의 자리	↑ 2^2의 자리	↑ 2의 자리	↑ 1의 자리

위치 기수법 位置記數法

수가 놓인 위치에 따라 수의 크기가 달라지는 것

인도–아라비아 숫자는 10개의 숫자로 위치에 따라 수의 크기를 자유롭게 나타낼 수 있어요. 사람이 앉는 곳을 '자리'라고 하는 것처럼 수도 앉는 자리가 있는데 그걸 수의 자리 또는 수의 위치라고 해요. 수가 어디에 놓이는가에 따라, 즉 수의 자리가 어디인가에 따라 수의 크기는 완전히 달라져요. 이렇게 위치에 따라서 수의 크기가 달라지는 것을 위치 기수법이라고 해요.

위치 기수법은, 같은 숫자라도 그것이 어느 위치에 있느냐에 따라서 값이 달라지는 것을 말해요. 예를 들어 '3'이라는 숫자가 일의 자리에 있으면 그냥 '3'이지만, 십의 자리에 있으면 '30'이 되고, 백의 자리에 있으면 '300'이 되는 거예요.

562
일의 자리
십의 자리
백의 자리

473
3을 의미

236
30을 의미

380
300을 의미

정수 整數 integer

양의 정수, 음의 정수, 0을 합친 수

정수는 양의 정수와 음의 정수 그리고 0을 합친 것을 말해요. 자연수에 −마이너스 기호를 붙인 게 음의 정수이고, 음의 정수와 반대되는 개념으로 자연수를 양의 정수라고 불러요.

양의 정수인 자연수는 덧셈을 할 때는 문제가 없어요. 그러나 뺄셈을 할 때, 큰 수에서 작은 수를 뺄 수는 있지만 작은 수에서 큰 수를 뺄 수 없다는 문제가 있어요. 그래서 필요한 게 음의 정수예요. 음의 정수가 있기 때문에 어떤 상황에서도 자연수의 뺄셈이 가능한 거예요.

▪ **자연수 ○** 13쪽　　▪ **덧셈 ○** 20쪽　　▪ **뺄셈 ○** 21쪽

유리수 有理數 rational number

두 정수의 비로 나타낼 수 있는 수

유리수는 분자, 분모가 모두 정수인 수로 두 정수의 비로 나타낼 수 있는 수예요. 다시 말해 정수 a, b가 있고 b는 0이 아닐 때(b≠0) $\frac{a}{b}$인 분수로 나타낼 수 있는 수가 유리수예요. 분수로 나타낼 수 있는 수니까 당연히 분모는 0이어서는 안 되겠지요?

그리고 유리수가 아닌 수를 무리수라고 해요. 즉, 무리수는 두 정수의 비로 나타낼 수 없는 수예요. 다시 말해 a, b가 정수이고 b≠0일 때, $\frac{a}{b}$인 분수로 나타낼 수 없는 수가 무리수예요.

tip 수의 범위

$$
\left.\begin{array}{l} \text{양수(자연수)} \\ 0 \\ \text{음수} \end{array}\right\} \begin{array}{l} \text{정수} \\ \\ \text{정수가 아닌 유리수} \end{array} \left.\right\} \begin{array}{l} \text{유리수} \\ \\ \text{무리수} \end{array} \left.\right\} \begin{array}{l} \text{실수} \\ \\ \text{허수} \end{array} \left.\right\} \text{복소수}
$$

정수와 유리수의 덧셈

둘 이상의 정수나 유리수를 더하는 것

정수와 유리수의 덧셈을 할 때에는 수직선을 이용하면 이해하기 쉬워요. 수직선에서 0을 기준으로 하여 오른쪽으로 가는 것은 양수, 왼쪽으로 가는 것은 음수로 계산하면 돼요. 유리수의 덧셈도 정수와 같은 방법으로 하면 돼요.

① (양의 정수) + (양의 정수) → 0에서 계속 오른쪽으로

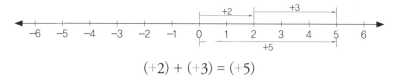

$$(+2) + (+3) = (+5)$$

② (음의 정수) + (음의 정수) → 0에서 계속 왼쪽으로

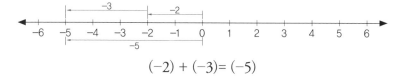

$$(-2) + (-3) = (-5)$$

③ (양의 정수) + (음의 정수) → 0에서 오른쪽으로 갔다가 왼쪽으로

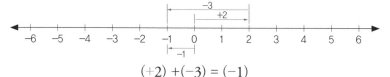

$$(+2) + (-3) = (-1)$$

④ (음의 정수) + (양의 정수) → 0에서 왼쪽으로 갔다가 오른쪽으로

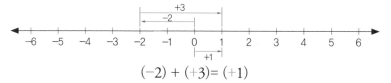

$$(-2) + (+3) = (+1)$$

정수와 유리수의 뺄셈

둘 이상의 정수나 유리수를 빼는 것

정수와 유리수의 뺄셈은 덧셈으로 고쳐서 계산하면 편해요. 뺄셈은 덧셈으로 고치고, 빼는 수의 부호를 바꾸면 돼요.

예를 들어 (+2) − (+3)은 (+2) + (−3)으로 고쳐서 계산하면 되는 거예요. 그렇다면 (+2) − (−3)은 어떻게 고칠까요? (+2)+(+3)으로 고쳐서 계산해요.

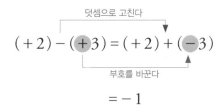

덧셈으로 고친다

$$(+2) - (+3) = (+2) + (-3)$$

부호를 바꾼다

$$= -1$$

덧셈으로 고친다

$$(+2) - (-3) = (+2) + (+3)$$

부호를 바꾼다

$$= 5$$

정수와 유리수의 곱셈
둘 이상의 정수나 유리수를 곱하는 것

유리수의 곱셈은 부호가 같은 수들의 곱셈과 부호가 다른 수들의 곱셈으로 나누어 생각할 수 있어요. 부호가 같은 수들의 곱셈은 두 수의 절댓값*을 곱한 다음 +부호를 붙이면 되고, 부호가 다른 수들의 곱셈은 두 수의 절댓값을 곱한 다음 −부호를 붙이면 돼요.

그리고 어떤 정수나 유리수에 0을 곱하면 값은 0이 돼요.

① (양의 정수)×(양의 정수), (음의 정수)×(음의 정수)
두 수의 절댓값을 곱한 다음 +부호를 붙여요.

$$(+2) \times (+3) = +(2 \times 3) = +6$$
$$(-2) \times (-3) = +(2 \times 3) = +6$$

② (양의 정수)×(음의 정수), (음의 정수)×(양의 정수)
두 수의 절댓값을 곱한 다음 −부호를 붙여요.

$$(+2) \times (-3) = -(2 \times 3) = (-6)$$
$$(-2) \times (+3) = -(2 \times 3) = (-6)$$

* 절댓값 ○ 156쪽

정수와 유리수의 나눗셈

둘 이상의 정수나 유리수를 나누는 것

정수와 유리수의 나눗셈도 부호가 같은 수들의 나눗셈과 부호가 다른 수들의 나눗셈으로 나누어 생각할 수 있어요. 부호가 같은 수들의 나눗셈은 두 수의 절댓값을 나눈 몫에 +부호를 붙이면 되고, 부호가 다른 수들의 나눗셈은 두 수의 절댓값을 나눈 몫에 −부호를 붙이면 돼요.

① (양의 정수)÷(양의 정수), (음의 정수)÷(음의 정수)
절댓값을 나눈 몫에 +부호를 붙여요.

$$(+8) \div (+4) = +(8 \div 4) = (+2)$$
$$(-8) \div (-4) = +(8 \div 4) = (+2)$$

② (양의 정수)÷(음의 정수), (음의 정수)÷(양의 정수)
절댓값을 나눈 몫에 −부호를 붙여요.

$$(+8) \div (-4) = -(8 \div 4) = (-2)$$
$$(-8) \div (+4) = -(8 \div 4) = (-2)$$

항등원 恒等元 identity
계산 후에도 계산 전과 똑같게 만드는 수

어떤 수에 0을 더하면 합의 결과는 변하지 않아요. 이처럼 계산 후에도 계산 전과 똑같게 만드는 수를 항등원이라고 해요. 따라서 0은 덧셈에 대한 항등원이에요. 그럼 곱셈에 대한 항등원은 무엇일까요? 예를 들어, 9에 어떤 수를 곱해야 자기 자신인 9가 될까요? 당연히 1이에요. 그래서 1을 곱셈에 대한 항등원이라고 해요.

* 0 ◐ 137쪽   * 곱셈 ◐ 22쪽

역수 逆數 inverse number
어떤 수에 곱했을 때 1이 되게 하는 수

두 수의 곱이 1이 될 때, 한 수를 다른 수의 역수라고 해요. 역逆은 '거꾸로'라는 뜻이에요. 그러니까 쉽게 말해 분자와 분모를 거꾸로 바꾸어 놓은 수가 역수예요.

역수를 구할 때 부호+, -는 바꾸지 않아요. 예를 들어, $\frac{2}{3}$의 역수는 $\frac{3}{2}$이고, $\frac{4}{7}$의 역수는 $\frac{7}{4}$이고, $-\frac{5}{9}$의 역수는 $-\frac{9}{5}$예요.

소수 素數 prime number

1보다 큰 자연수 중에서 1과 자기 자신만으로 나누어떨어지는 수

소수는 1보다 큰 자연수* 중에서 1과 자기 자신만으로 나누어떨어지는 수예요. 예를 들어 2, 3, 5, 7, 11, 13, 17, 19, 23, 29, 31, 37, 41, 43, 47, …… 등이 모두 소수예요. 2를 제외한 다른 소수는 모두 홀수예요. 모든 짝수는 2로 나누어떨어지니까요.

* 자연수 ○ 13쪽

---

tip 에라토스테네스의 체

'에라토스테네스의 체'는 에라토스테네스가 고안해 낸 소수 찾는 방법을 말해요. 예를 들어, 50 이하의 수에서 이 방법으로 소수를 찾아보려면 먼저 1에서 50까지의 정수를 모두 써요. 그런 다음 1은 소수가 아니니까 지워요. 2는 소수이므로 남겨 두고 2의 배수인 짝수들은 모두 지워요. 3은 소수니까 남겨 두고 3의 배수는 모두 지워요.

$$
\begin{array}{cccccccccc}
\cancel{1} & ② & ③ & \cancel{4} & ⑤ & \cancel{6} & ⑦ & \cancel{8} & \cancel{9} & \cancel{10} \\
⑪ & \cancel{12} & ⑬ & \cancel{14} & \cancel{15} & \cancel{16} & ⑰ & \cancel{18} & ⑲ & \cancel{20} \\
\cancel{21} & \cancel{22} & ㉓ & \cancel{24} & \cancel{25} & \cancel{26} & \cancel{27} & \cancel{28} & ㉙ & \cancel{30} \\
㉛ & \cancel{32} & \cancel{33} & \cancel{34} & \cancel{35} & \cancel{36} & ㊲ & \cancel{38} & \cancel{39} & \cancel{40} \\
㊶ & \cancel{42} & ㊸ & \cancel{44} & \cancel{45} & \cancel{46} & ㊼ & \cancel{48} & \cancel{49} & \cancel{50}
\end{array}
$$

이런 식으로 배수를 늘려 나가며 걸러내면 결국엔 소수만 남게 돼요. 에라토스테네스가 발견한, 체로 걸러내는 방식이라고 해서 이런 이름이 붙은 거예요.

서로소 coprime, disjoint

공약수가 1뿐인 두 자연수

공약수˚가 1뿐인 두 자연수를 서로소라고 해요. 예를 들어 7의 약수˚
는 1, 7이고 9의 약수는 1, 3, 9이니까 7과 9의 공약수는 1뿐이에요. 따
라서 7과 9는 서로소예요. 11과 13도 서로소예요. 두 수는 모두 약수가
1과 자기 자신뿐인 소수이므로 공약수가 1뿐이에요. 따라서 서로 다른
두 소수는 모두 서로소예요.

그럼 6과 8은 서로소일까요? 6의 약수는 1, 2, 3, 6이고 8의 약수는 1,
2, 4, 8이니까 6과 8의 공약수는 1, 2 두 개이므로 서로소가 아니에요.

˚ 공약수 ● 24쪽 　 ˚ 약수 ● 24쪽

합성수 合成數 composite number

1보다 큰 자연수 중에서 소수가 아닌 수

합성수는 '더하여 이루어진 수'라는 뜻이에요. 1보다 큰 자연수 중에
서 소수가 아닌 수가 합성수예요. 소수는 약수가 1과 자기 자신 2개 밖
에 없어요. 하지만 합성수는 약수의 개수가 3개 이상이에요. 1은 소수
도 합성수도 아니에요.

완전수 完全數 perfect number
자신을 뺀 나머지 약수들의 합이 자기 자신이 되는 수

완전수는 자신을 뺀 나머지 약수들의 합이 자기 자신이 되는 수예요. 예를 들어 6의 약수는 1, 2, 3, 6인데 자기 자신인 6을 뺀 나머지 약수들의 합1+2+3이 자기 자신인 6이 되기 때문에 완전수예요.

부족수 不足數 deficient number
자신을 뺀 나머지 약수들의 합이 자기 자신보다 작은 수

부족수는 자신을 뺀 나머지 약수들의 합이 자기 자신보다 작은 수예요. 예를 들어 10의 약수는 1, 2, 5, 10인데, 자기 자신인 10을 뺀 나머지 약수들의 합1+2+5이 자기 자신보다 작은 8이기 때문에 10은 부족수예요.

과잉수 過剩數 abundant number
자신을 뺀 나머지 약수들의 합이 자기 자신보다 큰 수

과잉수는 자신을 뺀 나머지 약수들의 합이 자기 자신보다 큰 수예요. 예를 들어 12의 약수는 1, 2, 3, 4, 6, 12인데, 자기 자신인 12를 뺀 나머지 약수들의 합1+2+3+4+6이 자신보다 큰 16이기 때문에 과잉수예요.

친화수 親和數 Amicable Number

자기 자신을 뺀 약수의 합이 상대방이 되는 두 수

220과 284처럼 자기 자신 이외의 약수를 모두 더하면 서로 상대방의 수가 되는 두 수를 친화수라고 해요.

220의 약수 : 1, 2, 4, 5, 10, 11, 20, 22, 44, 55, 110, 220

자신을 뺀 나머지 약수들의 합 1+2+4+5+10+11+20+22+44+55+110=284

284의 약수 : 1, 2, 4, 71, 142, 284

자신을 뺀 나머지 약수들의 합 1+2+4+71+142=220

부부수 夫婦數

1과 자기 자신을 뺀 약수의 합이 상대방이 되는 두 수

48과 75처럼 1과 자기 자신을 뺀 약수를 더했을 때 서로 상대방의 수가 되는 두 수를 부부수라고 해요.

48의 약수 : 1, 2, 3, 4, 6, 8, 12, 16, 24, 48

1과 자신을 뺀 나머지 약수들의 합 2+3+4+6+8+12+16+24=75

75의 약수 : 1, 3, 5, 15, 25, 75

1과 자신을 뺀 나머지 약수들의 합 3+5+15+25=48

형상수 形象數 figulate number
점을 삼각형, 사각형 등 도형 모양으로 배열하여 나타낸 수

고대의 피타고라스학파는 수˚와 도형 사이의 관계를 매우 중요하게 여겼는데, 수는 일정한 크기와 모양을 갖는다고 생각했어요. 그래서 점˚을 아름다운 형태로 배열˚해서 나타낼 수 있는 삼각수, 사각수, 오각수, 육각수, 삼각뿔수 등의 형상수를 만들었어요.

삼각수는 점을 정삼각형˚ 모양으로 배열해서 나타낸 수예요. 1부터 시작하여 임의의 연속하는 자연수의 합으로 얻을 수 있어요.

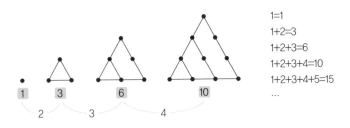

$$1=1$$
$$1+2=3$$
$$1+2+3=6$$
$$1+2+3+4=10$$
$$1+2+3+4+5=15$$
$$\cdots$$

사각수는 점을 정사각형˚ 모양으로 배열하여 나타낸 수예요. 자연수 1, 2, 3, …을 차례로 제곱하면 사각수를 얻을 수 있어요.

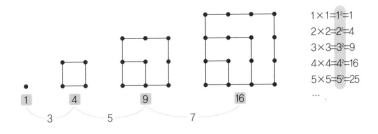

$$1 \times 1 = 1^2 = 1$$
$$2 \times 2 = 2^2 = 4$$
$$3 \times 3 = 3^2 = 9$$
$$4 \times 4 = 4^2 = 16$$
$$5 \times 5 = 5^2 = 25$$
$$\cdots$$

오각수는 정오각형 모양으로 배열하여 나타낸 수예요. 아래 그림과
같은 규칙을 띠며 늘어나요.

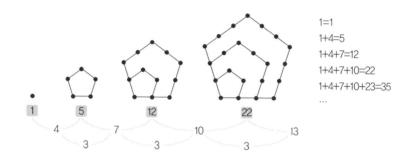

1=1
1+4=5
1+4+7=12
1+4+7+10=22
1+4+7+10+23=35
…

▪ 수 ○ 12쪽　　▪ 점 ○ 42쪽　　▪ 배열 ○ 122쪽　　▪ 정삼각형 ○ 52쪽　　▪ 정사각형 ○ 60쪽

절댓값 absolute value
수직선 위에서 어떤 수와 원점과의 거리

    수직선 위에서 어떤 수를 나타내는 점과 원점과의 거리를 절댓값이라고 해요. 기호 ‖로 나타내요. 거리이기 때문에 절댓값은 항상 양수예요. 예를 들어, 원점에서 −5까지의 절댓값은 5예요.

    절댓값은 양의 방향으로든 음의 방향으로든 원점에서 멀어질수록 커져요. 그리고 0의 절댓값은 0이에요. 즉, |0| = 0이에요.

거듭제곱 累乘 power

같은 수를 여러 번 곱할 때 간단하게 표시하는 법

거듭은 '여러 번 반복한다.'는 뜻이고, 제곱은 '스스로 곱한다.'는 뜻이에요. 그러니까 거듭제곱은 자신을 반복해서 여러 번 곱하는 것, 즉 같은 수를 반복해서 여러 번 곱할 때 그것을 간단하게 표시하는 방법이에요.

거듭제곱을 할 때 곱해지는 수를 밑, 곱하는 회수를 지수라고 하는데 지수는 밑의 오른쪽 윗부분에 작게 표시해요. 7을 세 번 반복해서 곱할 때는 7×7×7 대신 아래처럼 간단하게 표시할 수 있어요.

$$\text{밑} \rightarrow 7^{3} \leftarrow \text{지수}$$

다음과 같은 수들의 제곱은 외워 두면 편리할 때가 많아요.

$11^2=121$, $12^2=144$, $13^2=169$, $14^2=196$, $15^2=225$, $16^2=256$, $17^2=289$, $18^2=324$, $19^2=361$

소인수분해 素因數分解 prime factorization
어떤 자연수를 소인수들만의 곱으로 나타내는 법

자연수* 6은 2×3 또는 1×6과 같이 곱셈*의 형태로 나타낼 수 있는데 이때 1, 2, 3, 6을 6의 인수라고 해요. 특히, 인수가 소수*일 때 그 인수를 소인수prime divisor, prime factor라고 해요. 그리고 어떤 자연수를 소인수들만의 곱으로 나타내는 것을 소인수분해라고 하시요.

소인수분해를 할 때는 나누는 소수의 순서는 상관없지만, 작은 소인수부터 차례로 나누는 것이 편리해요.

소인수분해를 할 때에는 세로 나눗셈* 기호를 거꾸로 한 것과 같은 기호를 사용해요. 어떤 수를 소인수분해할 때에는 소인수로 몫이 소수가 될 때까지 계속 나눈 다음, 모든 소인수의 곱으로 표현해요.

예를 들어, 60을 소인수분해 할 때 60은 2×2×3×5로 나타낼 수 있어요. 즉, 60=2^2×3×5예요. 이때 2, 3, 5는 60의 인수고 2, 3, 5 모두 소수니까 60의 소인수가 돼요.

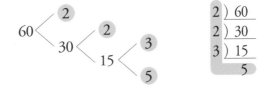

소인수분해는 최대공약수˝나 최소공배수˝를 구할 때 자주 사용돼요. 일반적으로 자연수 A가 $A=a^m \times b^n$(a, b는 소수고 m, n은 자연수)으로 소인수분해 될 때, A의 약수˝의 개수는 $(m+1) \times (n+1)$이에요.

예를 들어, 자연수 24의 약수의 개수를 소인수분해를 이용해 구해 볼까요?

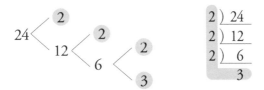

24 = 8×3 = 2^3×3 이므로 (3+1)×(1+1)=4×2=8이에요. 즉, 24의 약수는 8개예요. 24의 약수는 1, 2, 3, 4, 6, 8, 12, 24로 모두 8개가 맞다는 걸 알 수 있어요.

˝ 자연수 ◑ 13쪽   ˝ 곱셈 ◑ 22쪽   ˝ 소수 ◑ 150쪽   ˝ 나눗셈 ◑ 23쪽   ˝ 약수 ◑ 24쪽
˝ 최대공약수 ◑ 24쪽   ˝ 최소공배수 ◑ 27쪽

항 項 term
어떤 식을 구성하는 낱낱의 것

어떤 식을 구성하는 낱낱의 것들을 그 식의 항이라고 해요. 항이 모여서 식을 이루는 거예요. 예를 들어 식 $2x-y+2$에서 $2x$, $-y$, 2는 $2x-y+2$라는 식을 이루는 각각의 항이에요.

항이 하나로 된 식도 있고 여러 개로 된 식도 있어요. 하나의 항으로만 된 식을 단항식, 여러 개의 항들의 결합으로 이루어진 식을 다항식이라고 해요. $2x+3$은 $2x$와 3 두 개의 항으로 이루어져 있으니까 다항식이에요.

계수 係數 coefficient

문자를 포함한 항에서 문자에 곱해진 수

문자를 포함한 항에서 문자에 곱해진 수를 계수라고 해요. 식 $3x+5y$ 에서 숫자 3, 5가 계수예요. x의 계수는 3이고, y의 계수는 5이지요. 하지만 계수라고 해서 항상 수인 것은 아니고 문자일 수도 있어요.

차수 次數 degree

항에 포함된 문자가 곱해진 회수

차수는 어떤 것이 반복되는 회수回數를 말해요. 즉, 차수는 항에 포함된 문자가 곱해진 회수예요. 식 a^2+3에서 a^2은 a가 두 번 곱해졌다는 의미이므로 a의 차수는 2예요.

변수 變數 variable와 상수 常數 constant

여러 값으로 변할 수 있는 수 / 어떤 문자도 붙지 않는 수

변수는 여러 가지 값으로 변할 수 있는 수예요. 예를 들어, 식 $3x+5y$ 에서 x와 y가 변수예요.

상수는 어떤 문자도 붙지 않는 수를 말해요. 예를 들어, 식 $4x+5$에서 x는 변수고 5는 상수예요.

동류항 同類項 similar term
문자와 차수가 서로 같은 항

　동류항은 문자와 차수가 서로 같은 항을 가리켜요. 예를 들어, 2a+3a-4a라는 식에서 2a, 3a, -4a는 문자는 같고 계수만 다르기 때문에 동류항이에요.

　동류항은 서로 더하거나 뺄 수 있어요. 즉, 2a+3a-4a=(2+3-4)a=a로 계산할 수 있어요.

　그럼 a와 a^2와 a^3도 동류항일까요? 동류항이 되려면 문자의 종류도 같고 차수도 같아야 돼요. a와 a^2와 a^3은 문자의 종류는 같지만 차수는 각각 다르기 때문에 동류항이 아니에요.

이항 移項 transposition
항을 좌변 혹은 우변으로 옮기는 것

　이항은 좌변에서 우변으로, 우변에서 좌변으로 항을 옮기는 것을 말해요. 이때 옮겨진 항의 부호는 반대로 바뀌어요.

해 解 solution 또는 근 根 root

방정식을 참이 되게 하는 문자의 값

  x에 관한 방정식을 참이 되게 하는 x의 값을 그 방정식의 해 또는 근이라고 해요. '방정식을 풀라.'는 말은 방정식이 참이 되게 하는 해를 구하라는 뜻이에요.

  방정식을 풀 때는 우선 미지수를 포함한 항은 좌변으로, 상수항은 우변으로 이항하고 동류항끼리 정리해요. 예를 들어, 방정식 $4x-3=2x+5$를 풀 때는, 우선 좌변의 '-3'을 우변으로 옮기고, 우변의 '$2x$'를 좌변으로 옮겨서 정리하면 식이 간단해져요.

$$4x-3=2x+5$$
$$\rightarrow 4x-2x=5+3$$
$$\rightarrow 2x=8$$
$$\rightarrow x=4$$

일차방정식 一次方程式 linear equation
항에 포함된 문자가 한 번 곱해진 방정식

방정식"은 항에 포함된 문자가 곱해진 횟수차수에 따라 일차방정식, 이차방정식, …… 등으로 나뉘어요.

$$x-3=0 \text{ (일차방정식)}$$
$$x^2-4=0 \text{ (이차방정식)}$$
$$x^3-1=0 \text{ (삼차방정식)}$$

방정식의 우변의 항을 모두 좌변으로 이항하여 정리하였을 때, 좌변이 일차식이 되는 방정식을 일차방정식이라고 해요. 즉, 미지수 x를 포함하여 ax+b=0(단 a≠0)의 꼴로 나타내어지는 방정식이 일차방정식이에요.

예를 들어 $3x-2=7$은 일차방정식이에요.

$$3x-2=7 \xrightarrow[\text{이항}]{} 3x-2-7=0 \rightarrow 3x-9=0$$

$x^2+x-3=x^2+1$도 일차방정식이에요. 우변의 합을 모두 좌변으로 이항하면 알 수 있어요.

$$x^2+x-3=x^2+1 \xrightarrow[\text{이항}]{} x^2+x-3-x^2-1=0 \rightarrow x-4=0$$

동류항끼리는 더하거나 뺄 수 있기 때문에 우변의 x^2이 좌변으로 이항 되면서 좌변의 x^2에서 우변의 x^2을 빼는 거예요. 이렇게 되면 x^2은 없어 지기 때문에 일차방정식이 되지요.

일차방정식을 푸는 순서는 첫째, 계수*가 분수*나 소수*로 되어 있을 때에는 정수로 고치고 괄호가 있으면 괄호를 풀어요. 둘째, 미지수를 포 함한 항은 좌변으로, 상수항은 우변으로 옮겨요. 셋째, 양변을 정리하 여 $ax=b(a \neq 0)$의 꼴로 만든 다음, 양변을 x의 계수 a로 나누면 돼요.

일차방정식 $\frac{1}{2}x+3=9$를 풀어 보아요. 이 방정식을 풀기 위해서는 우 선 x의 계수인 $\frac{1}{2}$을 정수로 고쳐야 해요. 그러려면 양변에 2를 곱해요.

$$\frac{1}{2}x+3=9$$

$$2 \times (\frac{1}{2}x+3)=2 \times 9 \cdots\cdots \text{ 계수인 } \frac{1}{2} \text{을 정수로 고치기 위해 양변에 2를 곱해요.}$$

$$(2 \times \frac{1}{2}x)+(2 \times 3)=2 \times 9$$

$$x+6=18$$

$$x=18-6$$

$$x=12$$

* 방정식 **o** 129쪽   * 분수 **o** 14쪽   * 소수 **o** 17쪽   * 계수 **o** 161쪽

tip 디오판토스의 묘비명 문제

디오판토스는 문자를 도입하여 문제를 푸는 방법을 최초로 도입한 고대 그리스의 수학자예요. 그리스의 《명시선집》이라는 책에 디오판토스의 묘비명이 기록되어 있어요. 잘 읽고 답을 맞혀 보아요.

"디오판토스는 생애의 $\frac{1}{6}$을 소년으로 보냈고, $\frac{1}{12}$을 청년으로 보냈다. 그 후 일생의 $\frac{1}{7}$이 지나서 결혼하였고 결혼 후 5년 만에 첫아들을 얻었다. 아들은 아버지의 나이의 꼭 절반을 살다 죽었고, 아들이 죽고 4년 뒤 그도 세상을 떠났다. 디오판토스는 몇 살까지 살았는가?"

역시 수학자다운 묘비명이에요. 복잡한 문제 같지만 방정식으로 풀면 쉽게 답을 알아낼 수 있어요. 디오판토스의 나이를 미지수 x로 놓고 다음과 같이 식을 세우고 계산하면 돼요.

$$\frac{x}{6} + \frac{x}{12} + \frac{x}{7} + 5 + \frac{x}{2} + 4 = x, \ \text{답은 } x = 84(\text{세})$$

항등식 恒等式 identity

언제나 참이 되는 등식

언제나 참이 되는 등식[*]을 항등식이라고 해요. 항등恒等은 '항상 같다' 는 뜻이에요.

항등식은 방정식[*]에 들어 있는 미지수의 값이 무엇이든 언제나 참이 되어요. 예를 들어, $5x-2x=3x$는 미지수 x의 값이 무엇이든 항상 참이 기 때문에 항등식이에요.

미지수를 포함하지 않고 상수항으로만 이루어진 등식도 항등식이 될 수 있어요. $1+2=3$은 상수항으로만 이루어진 항등식이에요.

* 방정식 ❍ 129쪽   * 등식 ❍ 128쪽

항등식은 x에 어떤 숫자를 대입해도 등식이 참이 돼.

3장 함수

대응 對應 correspondence
어떤 관계에 의해 두 집합의 원소가 서로 짝지어지는 것

    두 집합 X와 Y가 있을 때, 어떤 주어진 관계에 의하여 집합 X의 원소 x에 집합 Y의 원소 y가 짝지어지는 것을 집합 X 에서 집합 Y로의 대응이라고 해요. 집합은 '키가 150㎝ 이하인 사람의 모임', '제주도민의 모임'과 같이 명확한 기준을 만족시키는 대상들의 모임이에요. 그리고 집합을 이루는 하나하나를 원소라고 해요.

    집합 X의 각 원소 x에 대하여 집합 Y의 원소 y가 맺어지면, X에 Y가 대응한다고 하며 기호로 'X→Y'와 같이 나타내요. 집합 X의 모든 원소와 집합 Y의 모든 원소가 하나도 빠짐없이 꼭 한 개씩 대응되는 것을 X에서 Y로의 일대일대응이라고 해요.

함수 函數 function

두 변수 x와 y에서, x의 값이 정해지면 그 값에 따라 y의 값이 정해지는 관계

함수는 영어로 'function'이라고 하는데, '기능', '작용'이라는 뜻이에요. 함數은 무언가를 담는 '상자'라는 뜻이 들어 있어요. 그러니까 함수는 상자에 물건을 넣듯 어떤 수를 넣으면 새로운 값이 나온다는 의미로 생각할 수 있어요.

함수는 두 개의 변하는 양 x, y 사이에서 x값이 정해지면 그 값에 따라 y값이 하나씩 정해져요. 즉, 두 집합 X, Y에서 집합 X의 모든 원소가 하나도 빠짐없이 집합 Y의 원소 한 개와 대응할 때, 이 대응을 '집합 X에서 집합 Y로의 함수'라고 하고 '$y=f(x)$'처럼 나타내요.

이때 f는 함수를 의미하는 영어 'function'의 첫 글자예요.

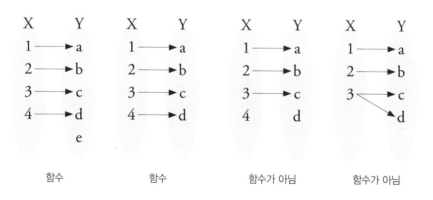

함수   함수   함수가 아님   함수가 아님

정의역 定義域 domain과 공역 共域 codomain

집합 X에서 집합 Y로의 함수에서 집합 X(정의역)와 집합 Y(공역)를 이르는 말

집합 X에서 집합 Y로의 함수 f에 대하여 집합 X를 정의역, 집합 Y를 공역이라고 해요. 정의역 X의 원소 x에 대응되는 공역 Y의 원소를 $f(x)$와 같이 나타내고 이것을 함수 f에 의한 x의 함수값이라고 해요. 정의역과 공역이 분명할 때에는 정의역과 공역을 생략하여 간단히 함수 $y=f(x)$로 나타내요. 그리고 함수 f에 의하여 집합 X의 각 원소 x에 대응되는 집합 Y의 원소 $f(x)$ 전체의 집합을 함수 f의 치역이라고 해요. 정의역의 원소들은 모두 치역에 대응되어야 해요.

아래의 함수에서 집합 X의 모든 원소는 집합 Y의 원소와 하나씩 대응하고 있으므로 함수가 맞아요. 이때 집합 X, 즉 {1, 2, 3, 4}가 정의역이에요. { }는 집합을 나타내는 기호예요.

그리고 집합 Y, 즉 {a, b, c, d, e}가 공역이에요. 그런데 집합 Y 중에서 집합 X에 대응되는 원소는 {a, b, c, d}이므로, 함수 f의 치역은 {a, b, c, d}예요.

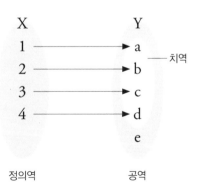

친구들과 하는 게임 중의 하나인 사다리 타기에도 함수 개념이 들어 있어요. 사다리 타기는 위쪽에 주어지는 값이 사다리라는 함수 f에 의해 아래쪽 값과 하나씩 대응하는 일대일대응이에요.

아래의 사다리에서 f(경희)=아이스크림, f(영수)=과자, f(민수)=사과, f(다인)=피자가 되는 거예요. 이때 집합 X={경희, 영수, 민수, 다인}은 함수 f의 정의역, 집합 Y={아이스크림, 과자, 사과, 피자}는 치역이에요.

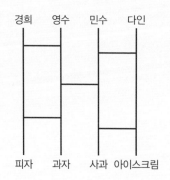
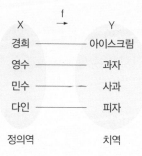

좌표 座標 coordinates
좌표 평면에서 점의 위치를 순서쌍으로 나타낸 것

좌표는 평면상에 위치한 각각의 점들의 주소예요. 집에 주소가 있으면 집의 위치를 찾기 편리하듯이 평면상에서 점들의 위치를 찾기 쉽도록 나타낸 점들의 집주소가 좌표라고 할 수 있어요.

두 수직선이 점 O에서 수직으로 만날 때 가로축을 x축, 세로축을 y축이라고 하고, 이 두 축을 통틀어 좌표축이라 해요. x축과 y축의 교점을 원점, 좌표축이 그려져 있는 평면을 좌표평면이라고 하고, 좌표평면에서 점의 위치를 순서쌍 (x좌표, y좌표)로 나타낸 것이 좌표예요.

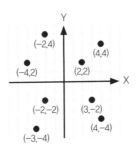

순서쌍 順序雙 ordered pair
두 개의 수를 순서대로 괄호 안에 짝지어 나타낸 것

순서쌍은 두 개의 수를 순서대로 괄호 안에 짝을 지어 나타낸 거예요. 즉, 집합 X, Y에서 X의 원소 x와 Y의 원소 y를 순서를 정해 만든 x와 y의 쌍 (x, y)를 순서쌍이라 해요.

사분면 四分面 quadrant
두 개의 좌표축에 의해 나뉜 평면의 네 부분

두 개의 좌표축에 의해 평면은 네 부분으로 나뉘어요. 이 4개의 지역, 즉 x축과 y축에 의하여 나누어진 4개의 평면을 사분면이라고 하고 각각 제1사분면, 제2사분면, 제3사분면, 제4사분면이라고 불러요. 각 사분면의 (x좌표, y좌표) 부호는 (+, +), (−, +), (−, −), (+, −)가 돼요.

좌표축은 어느 사분면에도 속하지 않아요. 또한 사분면에서는 대칭*점을 찾을 수 있는데, 점 P(a, b)에 대하여 x축에 대칭인 점의 좌표는 (a, −b), y축에 대칭인 점의 좌표는 (−a, b), 원점에 대칭인 점의 좌표는 (−a, −b)예요.

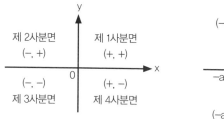 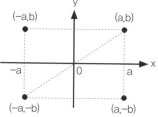

* 대칭 ● 61쪽

함수의 그래프 graph

함수에서 원소 x와 y의 순서쌍 전체를 좌표평면에 나타낸 것

함수 f : X→Y에서, 정의역 X의 각 원소 x에 대응하는 함숫값 y와의 순서쌍 (x, y) 전체의 집합을 좌표평면에 나타낸 것이 함수의 그래프예요.

함수 $y = ax$ $(a \neq 0)$의 그래프는 원점을 지나는 직선이에요.

a>0면 그래프는 오른쪽 위로 향하는 직선이 돼요. 제1, 3사분면을 지나고, x의 값이 증가하면 y의 값도 증가해요. 또한 a가 양수일 때는 a의 값이 클수록 그래프는 y축에 점점 가까워져요.

a<0면 그래프는 오른쪽 아래로 향하는 직선이 돼요. 제2, 4사분면을 지나고, x의 값이 증가하면 y의 값은 감소해요. 또한 a가 음수일 때는 a의 값이 클수록 그래프는 y축에 점점 가까워져요.

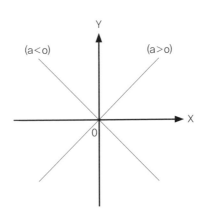

함수 $y=ax+b(a, b$는 상수, $a \neq 0)$의 그래프는 $y=ax$의 그래프를 y축을 따라 b만큼 평행 이동한 직선이에요.

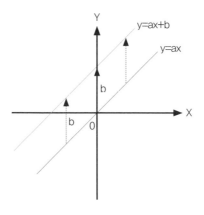

기울기 gradient, slope
일차함수의 그래프가 x축에 대하여 기울어진 정도

기울기는 일차함수의 그래프가 x축에 대하여 얼마만큼 기울어져 있는 지를 나타내는 수치예요. 일차함수 $y=ax+b$에서 x값의 증가량에 대한 y값의 증가량의 비율은 항상 일정하고 그 비율은 x의 계수인 a와 같아요. 이때 a를 일차함수 $y=ax+b$의 기울기라고 해요. 아래 그림의 삼각형에서 밑변에 대한 높이의 비율이 기울기가 돼요.

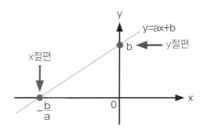

x절편 x-intercept 과 y절편 y-intercept
일차함수의 그래프가 x축과 y축을 자르는 각각의 좌표

절絶은 '자르다', '끊다'는 뜻이에요. 그러니까 x절편은 일차함수의 그 래프가 x축을 자르는 축과 만나는 점의 x좌표를 말해요. 즉, $y=0$일 때의 x값이 x절편이에요. y절편은 일차함수의 그래프가 y축을 자르는 축과 만나는 점의 y좌표예요. 즉, $x=0$일 때의 y값이 y절편이에요. y절편은 상수항이 돼요.

좌표를 처음 만든 건 프랑스의 수학자이자 철학자인 데카르트예요. 군인 막사 안에 누워 쉬고 있던 데카르트는 바둑판 무늬의 천장에 파리가 앉아 있는 걸 봤어요. 그리고 파리의 위치를 쉽게 표현할 방법이 없을지 고민하기 시작했어요. 그러다가 천장의 가로와 세로에 각각 숫자를 적고 파리가 앉아 있는 자리를 (1, 2) 또는 (3, 4)처럼 표시했어요. 이렇게 해서 좌표라는 새로운 수학 개념이 탄생하게 된 거예요.

도수분포표 度數分布表
frequency distribution table

자료를 계급으로 나누고 각 계급에 속하는 도수를 조사하여 만든 표

　자료 전체를 몇 개의 계급으로 나누고 각 계급에 속하는 도수를 조사하여 만든 표가 도수분포표예요. 179쪽의 표는 113쪽의 줄기와 잎 그림에서 나왔던 은지네 학교 24명 선생님의 나이를 연령별로 나타낸 도수분포표예요.

변량 變量 variance, 계급 階級 class, 계급의 크기, 계급값, 도수 度數 frequency

도수분포표를 구성하는 요소

자료를 수량으로 나타낸 것을 변량이라고 하고, 변량을 나눈 구간을 계급이라고 해요. 구간의 너비를 계급의 크기, 계급을 대표하는 중앙값을 계급값, 각 계급에 속하는 자료의 개수를 도수라고 해요.

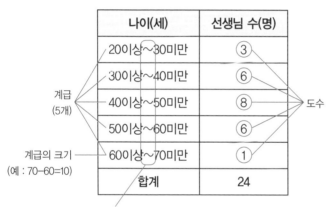

히스토그램 histogram

도수분포표를 직사각형으로 나타낸 그래프

    주어진 도수분포표에 따라 계급의 크기를 가로, 도수를 세로로 하는 직사각형을 그려 나타낸 그래프를 히스토그램이라고 해요. 히스토그램은 히스토histo 조직, 구성와 그램gram 그림이 합쳐진 말로, 도수분포표보다 자료의 분포 상태를 쉽고 빠르게 알 수 있어요. 그래서 각 계급에 속하는 자료의 수가 많고 적음을 한눈에 파악할 수 있지요.

    히스토그램의 각 직사각형에서 가로의 길이는 계급의 크기로 일정하기 때문에 각 직사각형의 넓이는 각 계급의 도수에 정비례해요. 따라서 다음과 같이 나타낼 수 있어요.

(직사각형의 넓이) = (계급의 크기)×(그 계급의 도수)

(직사각형의 넓이의 합) = (계급의 크기)×(도수의 총합)

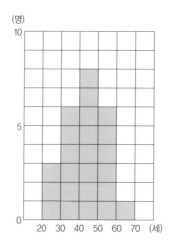

180

도수분포다각형 度數分布多角形
frequency distribution polygon

도수의 분포 상태를 다각형 모양으로 나타낸 그래프

도수의 분포 상태를 다각형 모양으로 나타낸 그래프가 도수분포다각형이에요. 즉, 히스토그램에서 각 직사각형의 윗변의 중점을 차례로 선분으로 연결하고 양 끝은 도수가 0인 계급을 하나씩 추가하여 그 중점과 연결해서 만든 그래프예요. 도수의 분포 상태를 연속적으로 관찰할 수 있으며, 두 개 이상의 자료를 겹쳐서 그릴 수도 있기 때문에 자료들의 분포 상태를 비교하는 데 매우 편리해요. 도수분포다각형과 가로축으로 둘러싸인 부분의 넓이는 히스토그램의 직사각형의 넓이의 합과 같아요.

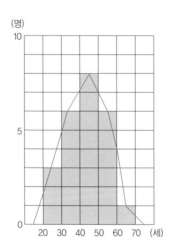

상대도수 相對度數 relative frequency와
누적도수 累積度數 cumulative frequency

전체도수에 대한 각 계급의 도수 비율 / 도수분포표에서 각 계급의 합

　전체도수에 대한 각 계급˙의 도수˙의 비율˙, 즉 각 계급의 도수를 전
체도수로 나눈 비율이 상대도수예요.

$$(각 계급의 상대도수) = \frac{(각 계급의 도수)}{(도수의 총합)}$$

　각 계급의 상대도수를 구하여 만든 표가 상대도수의 분포표이고, 가
로축에 계급을 세로축에 상대도수를 표시해 도수분포다각형처럼 그린
그래프가 상대도수분포다각형이에요.

　상대도수는 확률˙로 나타내기 때문에 상대도수의 총합은 반드시 1이
에요. 상대도수를 백분율˙로 나타낼 때는 상대도수에 100을 곱하면 돼
요. 즉, (상대도수) × 100 = 백분율(%)이에요.

　누적도수는 도수분포표˙에서 각 계급의 도수의 합이에요.

$$(각 계급의 누적도수) = (앞 계급까지의 누적도수) + (그 계급의 도수)$$

　각 계급의 누적도수를 써 놓은 표가 누적도수의 분포표이고, 가로축
에 계급을 세로축에 누적도수를 표시해 도수분포다각형처럼 그린 그래
프가 누적도수분포다각형이에요. 마지막 계급의 누적도수는 도수의 총
합과 같아요.

다음은 한국중학교 1학년 1반 학생 50명의 몸무게에 대한 도수분포표, 상대도수, 누적도수를 나타낸 표예요. 빈 칸 A, B에 들어갈 수치는 각각 어떻게 될까요?

몸무게	학생 수	상대도수	누적도수
25kg이상~30kg미만	2	0.04	2
30~35	(A)	0.10	7
35~40	8	0.16	15
40~45	12	0.24	27
45~50	17	0.34	44
50~55	5	(B)	49
55~60	1	0.02	50
합계	50	1.00	50

우선 A는 전체 학생 수 50에서 A를 제외한 나머지 모든 학생 수 45(2+8+12+17+5+1=45)를 빼면 돼요. 즉, A=50−45=5(명)예요.

B는 어떻게 구할까요? 상대도수의 총합은 항상 1이니까, 1에서 B를 제외한 나머지 상대도수의 합 0.9(0.04+0.10+0.16+0.24+0.34+0.02=0.9)를 빼면 돼요. 즉, B=1−0.9=0.1이에요.

다른 방법으로 B를 구할 수도 있어요. 각 계급의 상대도수는 각 계급의 도수를 도수의 총합으로 나누면 나오니까, B가 속한 계급(50~55kg)의 도수 5를 도수의 총합 50으로 나누면 돼요. 즉, $B=\dfrac{5}{50}=0.1$이에요.

* 도수 ○ 179쪽   * 계급 ○ 179쪽   * 비율 ○ 130쪽   * 확률 ○ 110쪽   * 도수분포표 ○ 178쪽
* 백분율 ○ 131쪽

수직 垂直 perpendicular과
수직선 垂直線 perpendicular line

두 직선이 만나 이루는 각이 직각인 경우

수직垂直은 '아래로 곧게 드리우다.'라는 뜻이에요. 즉, 두 직선이 만나서 이루는 각이 직각일 때 두 직선은 서로 수직이라고 해요.

수직선은 두 직선이 서로 수직일 때, 한 직선을 다른 직선에 대한 수선이라고 해요. 아래 그림에서 직선 AB와 직선 AC는 서로 수직이고, 직선 AC에 대한 수선은 직선 AB예요.

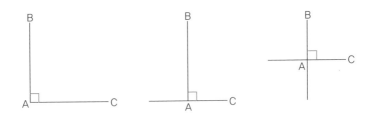

평행 平行 parallel과
평행선 平行線 parallel line

서로 만나지 않는 두 직선

평행平行은 '곧게 나아간다.'는 뜻이에요. 곧게 나아가기 때문에 만나지 않는 두 직선을 서로 평행이라고 하고, 평행인 두 직선을 평행선이라고 해요. 평행선 사이의 수직인 선분의 길이가 평행선 사이의 거리예요. 아래 그림에서 직선 AB와 직선 CD는 서로 평행인 평행선이고, 평행선 사이의 거리는 d예요.

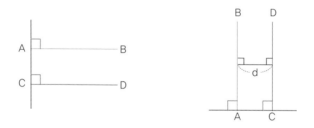

수직이등분선 垂直二等分線
perpendicular bisector

어떤 선분을 수직으로 이등분하는 선

수직이등분선은 말 그대로 어떤 선분을 수직으로 이등분하는 선이에요. 즉, 선분의 중점을 지나 이 선분에 수직인 직선이에요.

두 직선이 서로 수직일 때 두 직선이 만나는 점을 수선의 발이라 해요. 아래 그림에서 점 M이 수선의 발이에요.

선분 AB 밖의 점 P에서 그은 선분들 중에서 길이가 가장 짧은 것은 P에서의 수선의 발 M과 P를 이은 선분 PM이고, 이 선분의 길이를 점 P와 선분 AB 사이의 거리라고 해요.

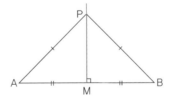

각의 이등분선도 있는데, 각의 이등분선 위의 임의의 점 P로부터 각을 이루는 두 변에 이르는 거리는 서로 같아요.

즉, 선분 AP와 선분 BP의 길이는 같아요.

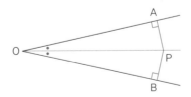

기하학의 아버지로 불리는 유클리드는 처음으로 점, 선, 면의 뜻을 정한 고대 그리스의 수학자예요. 유클리드가 그리스 수학을 체계적으로 총정리하면서 기록해놓은 수학책이 바로 《원론》이에요. 모두 13권으로 되어 있고 465개의 명제가 수록되어 있어요. 수학의 성서라 할 정도로 내용이 방대하고 수학사에서 대단히 중요한 책이에요. 《원론》에는 다음과 같은 내용이 나와 있어요.

- 점은 크기가 없고 위치만 있는 것이다.
- 선은 길이만 있고 폭(넓이)은 없는 것이다.
- 선의 양끝은 점이다.
- 면은 길이와 폭만 있는 것이다.
- 면의 끝은 선이다.

유클리드는 이 책으로 알렉산드리아대학에서 학생들을 가르쳤는데, 수학을 배우는 학생들 중에는 왕의 아들도 있었어요. 그 왕자가 하루는 수학, 특히 기하학이 너무 어렵고 귀찮아서 유클리드에게 이렇게 물었어요. "선생님! 《원론》을 좀 더 쉽게 공부하는 방법은 없습니까?" 그러자 유클리드는 왕자를 쳐다보며 대답했어요. "기하학에는 왕도(王道)가 없습니다." 즉, 수학을 공부하는 데는 왕이라고 해서 뾰족한 특별한 방법이 따로 있는 게 아니라는 뜻이에요. 왕이나 거지나 수학 앞에서는 모두 평등하답니다.

위치관계 位置關係
평면에서 두 직선 혹은 직선과 평면이 서로 놓여 있는 모양

어떤 사물이 놓여 있는 자리를 위치位置 position라고 해요.

평면에서 두 직선의 위치관계는 평면에서 두 직선이 어떻게 놓여 있는가를 따지는 것으로 3가지 경우가 있을 수 있어요. 즉, 한 점에서 만나거나교점 1개다, 평행하거나교점이 없다, 일치하는 경우교점이 무수히 많다가 있어요. 일치한다는 것은 두 직선이 완전히 겹친다는 뜻이에요.

한 점에서 만남   평행   일치

공간에서 직선과 평면의 위치관계는 직선과 평면이 어떻게 놓여 있는가를 따지는 것으로 이것도 3가지가 있을 수 있어요. 직선이 평면에 포함되거나, 한 점에서 만나거나, 평행해서 만나지 않는 경우예요.

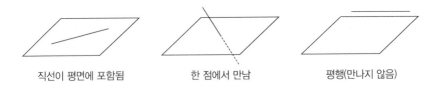

직선이 평면에 포함됨   한 점에서 만남   평행(만나지 않음)

공간에서 두 평면의 위치관계는 두 평면이 한 직선에서 만나거나, 평행한 경우의 2가지가 있어요.

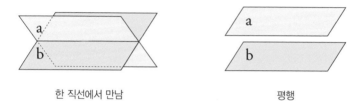

한 직선에서 만남   평행

공간에서 두 직선이 만나지도 않고 평행하지도 않을 때, 두 직선은 '꼬인 위치'에 있다고 말해요. 이때 두 직선은 같은 평면에 놓여 있지 않은 거예요.

꼬인 위치

맞꼭지각 對頂角 vertically opposite angles
두 직선이 한 점에서 만났을 때 생긴, 서로 마주 보는 두 각

두 직선"이 한 점에서 만날 때는 4개의 각"이 생기는데, 맞꼭지각은 서로 마주 보는 두 각을 말해요. 아래 그림에서 ∠a와 ∠c, ∠b와 ∠d가 맞꼭시각인데, 맞꼭지각은 서로 크기가 같아요. 즉, ∠a=∠c, ∠b=∠d 예요.

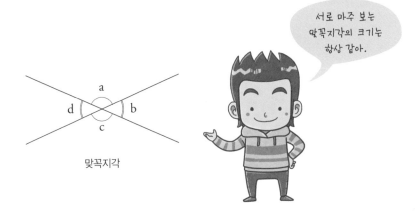

맞꼭지각

* 직선 ○ 44쪽   * 각 ○ 48쪽

동위각 同位角 corresponding angle과
엇각 錯角 alternate interior angle

같은 위치에 있는 두 각 / 서로 엇갈려 있는 두 각

동위同位는 '위치가 같다.'는 뜻으로, 동위각은 같은 위치에 있는 두 각을 말해요. 엇각은 서로 엇갈려 있는 두 각을 말하고요.

아래 그림과 같이 평행*한 두 직선*과 한 직선이 만날 때 8개의 각*이 생기는데, 동위각은 ∠a와 ∠e, ∠b와 ∠f, ∠c와 ∠g, ∠d와 ∠h이고, 엇각은 ∠c와 ∠e, ∠d와 ∠f예요.

평행한 두 직선이 한 직선과 만날 때 동위각의 크기는 서로 같고, 엇각의 크기도 서로 같아요. 반대로, 동위각 또는 엇각의 크기가 서로 같으면 두 직선은 평행하다 할 수 있어요.

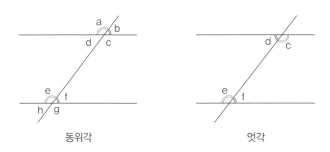

동위각   엇각

* **평행 ○** 185쪽   * **직선 ○** 44쪽   * **각 ○** 48쪽

기원전 6세기무렵에 활동한 고대 그리스의 수학자이자 철학자인 탈레스는 기하학의 기초를 세웠어요. 피타고라스의 스승인 그가 기하학에서 이룬 업적 중의 하나가 다음과 같은 탈레스의 정리예요.

(1) 지름은 원을 이등분한다.

(2) 이등변삼각형의 두 밑각의 크기는 같다.

(3) 만나는 두 직선에 의해 생기는 맞꼭지각의 크기는 서로 같다.

(4) 한 변과 양 끝각이 같은 두 개의 삼각형은 서로 합동이다.

(5) 반원 안에 그려지는 삼각형은 직각삼각형이다.

탈레스는 비례를 이용해 막대 하나로 피라미드의 높이를 구하기도 했어요. 탈레스는 땅에 막대를 세우고, 막대의 그림자 길이를 쟀어요. 그리고 같은 시각에 피라미드의 그림자 길이도 쟀어요. 그런 다음 비례식을 세워 피라미드의 높이를 잰 거예요.

그런데 탈레스가 계산한 피라미드의 높이는 현대의 계산 결과와 단 2미터밖에 차이가 나지 않을 정도로 정확한 수치였어요. 닮음과 비례라는 수학의 원리를 이용해서 이루어낸 거예요.

천문학자이기도 한 탈레스는 일식을 예측하기도 했는데, 태양이 사라진다는 불길한 예언을 해 사람들을 혼란에 빠뜨렸다는 죄로 감옥에 갇히기도 했어요.

탈레스는 닮음비와 합동의 원리를 이용해 해안에서 바다에 떠있는 배까지의 거리도 측정했어요. 탈레스는 어떻게 바다에 들어가지도 않고 배까지의 거리를 측정했을까요?

해변 모래밭의 탈레스가 서 있는 지점을 점 B, 모래밭의 또 다른 지점을 점 C, 바다 저편 배가 떠 있는 곳을 점 A로 하는 직각삼각형을 그리고, 그것과 합동인 직각삼각형을 모래밭에 똑같이 그리면 점 C에서 점 A까지의 거리를 알 수 있어요. 이렇게 삼각형의 합동을 이용해도 되고, 닮음비를 이용해서 배까지의 거리를 구할 수도 있어요.

내각 內角 internal angle
다각형 내부의 각

내內는 '안'이라는 뜻으로, 내각은 다각형의 내부의 각이에요. 다각형에서 흔히 각이라고 할 때는 내각을 가리켜요.

외각 外角 external angle
다각형의 한 내각의 바깥에 있는 각

외外는 '바깥'이라는 뜻으로, 외각은 다각형의 한 내각의 바깥에 있는 각이에요.

작도 作圖 construction
눈금 없는 자와 컴퍼스만으로 도형을 그리는 것

작도는 눈금 없는 자와 컴퍼스만을 사용하여 도형을 그리는 것이에요. 눈금 없는 자는 두 점*을 연결하여 선분*을 그리거나 주어진 선분을 연장할 때 사용하고, 컴퍼스는 원*을 그리거나 주어진 선분을 다른 직선 위로 옮길 때 사용해요.

* 점 ○ 42쪽   * 선분 ○ 45쪽   * 원 ○ 67쪽

194

다각형의 내각의 합

다각형의 내부에 있는 각들의 크기의 합

다각형*의 내각의 크기의 합은 다각형이 몇 개의 삼각형*으로 이루어져 있는지 알면 쉽게 구할 수 있어요. 삼각형의 내각의 합이 180°도라는 사실을 이용해 나머지 다각형들의 내각의 합을 구하는 거예요. 사각형*은 삼각형 2개, 오각형은 삼각형 3개, 육각형은 삼각형 4개로 이루어져 있고 실제로 그 개수대로 자를 수 있어요. 따라서 사각형의 내각의 합은 $180° \times 2$, 오각형의 내각의 합은 $180° \times 3$, 육각형의 내각의 합은 $180° \times 4$가 돼요.

$$(\text{n각형의 내각의 합}) = 180° \times (n-2)$$

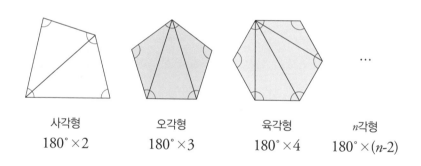

사각형	오각형	육각형	n각형
$180° \times 2$	$180° \times 3$	$180° \times 4$	$180° \times (n\text{-}2)$

* 다각형 **○** 50쪽　　* 삼각형 **○** 52쪽　　* 사각형 **○** 55쪽

다각형의 외각의 합

다각형의 내각 바깥쪽에 있는 각들의 크기의 합

외각은 다각형의 바깥에 있는 각으로, 내각과 외각의 합은 180°예요. 그리고 다각형의 외각의 크기의 합은 언제나 360°예요. 정다각형은 모든 각의 크기가 같으므로 정n각형의 한 내각의 크기는 $\frac{180° \times (n-2)}{n}$이고, 한 외각의 크기는 $\frac{360°}{n}$예요.

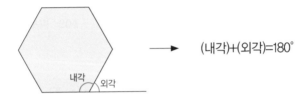

$$(내각)+(외각)=180°$$

삼각형을 예로 들어 보아요. 내각과 외각의 합이 180°이므로, 삼각형의 모든 내각과 외각의 합은 {(내각)+(외각)}×3=180°×3=540° 예요. 그런데 삼각형의 내각의 합은 195쪽에서 보듯이 180°×(3-2)=180°이지요. 따라서 삼각형의 내각과 외각의 합인 540°에서 내각의 합인 180°를 빼면 360°예요.

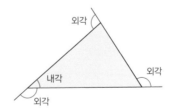

대각 對角 opposite angle과 대변 對邊 opposite side
다각형에서 마주 보는 각 / 다각형에서 마주 보는 변

대각은 마주 보는 각˙이에요. 다각형에서 서로 마주 보는 각 또는 한 변과 마주 보는 각이 대각이에요. 아래 직사각형˙, 마름모˙, 정사각형˙에서 ∠A와 ∠C, ∠B와 ∠D가 대각이지요. 사각형에서는 한 각과 마주 보는 각이 그 각의 대각이고, 삼각형에서는 어떤 변˙에 마주 보는 각이 대각이에요.

대변은 마주 보는 변이에요. 다각형에서 대변은 어떤 변이나 각과 마주 보는 변, 즉 반대편에 있는 변을 뜻해요. 아래의 직사각형, 마름모, 정사각형에서 변 AB와 변 CD, 변 BC와 변 AD가 대변이에요.

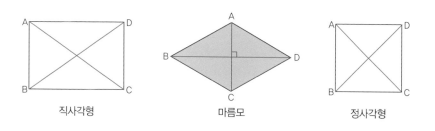

직사각형   마름모   정사각형

˙각 ○ 48쪽   ˙직사각형 ○ 59쪽   ˙마름모 ○ 58쪽   ˙정사각형 ○ 60쪽   ˙변 ○ 46쪽

대각선 對角線 diagonal line

이웃하지 않는 두 꼭짓점을 이은 선분

대각선은 대각끼리 이은 선분, 즉 이웃하지 않는 두 꼭짓점*을 이은 선분이에요. 직사각형*은 두 대각선*의 길이가 같고, 마름모*는 두 대각선이 수직*으로 만나요. 특히 정사각형*은 두 대각선이 서로 수직이고 길이도 같아요. 아래의 직사각형, 마름모, 정사각형에서 $\overline{AC}$와 $\overline{BD}$가 대각선이에요.

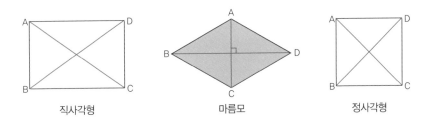

직사각형   마름모   정사각형

* 꼭짓점 ❍ 46쪽   * 직사각형 ❍ 59쪽   * 마름모 ❍ 58쪽   * 정사각형 ❍ 60쪽   * 수직 ❍ 184쪽

다각형의 대각선 개수
다각형에서 이웃하지 않는 두 꼭짓점을 이은 선분의 수

다각형은 3개 이상의 선분으로 둘러싸인 평면도형이고, 다각형의 대각선은 이웃하지 않는 두 꼭짓점을 이은 선분이에요. 사각형의 대각선 개수는 2개고 오각형의 대각선 개수는 5개예요.

그럼 n각형의 한 꼭짓점에서 그을 수 있는 대각선의 개수는 몇 개일까요? (n−3)개예요. 직접 그림을 그려 가며 생각해 보면 금방 알 수 있어요.

n각형 대각선의 총수는 $\dfrac{n \times (n-3)}{2}$ 이에요. 따라서 오각형의 대각선은 5개, 육각형의 대각선은 9개임을 쉽게 알 수 있어요.

삼각형 : 없음　　　　사각형 : 2개　　　　오각형 : 5개　　　　육각형 : 9개

부채꼴의 중심각과 호의 관계

부채꼴의 중심각 크기에 따른 호의 길이의 관계

하나의 원*에서 부채꼴*의 중심각*의 크기가 늘어날 때, 부채꼴의 호*의 길이와 넓이도 늘어나요. 부채꼴의 중심각의 크기가 2배, 3배, 4배, ……로 늘어나면 부채꼴의 호의 길이와 넓이도 2배, 3배, 4배, ……로 늘어나요. 정비례*하는 거예요.

또한, 하나의 원 또는 합동인 두 원에서 중심각의 크기가 같은 두 부채꼴의 호의 길이와 넓이는 각각 같아요. 반대로 말하면, 호의 길이와 넓이가 각각 같은 두 부채꼴의 중심각의 크기는 같아요.

아래의 그림 ①에서 두 부채꼴의 중심각이 같으므로 호의 길이는 같아요. 따라서 오른쪽 부채꼴의 호 a의 길이는 왼쪽 부채꼴의 호의 길이와 같은 6cm예요.

또한 그림 ②에서 두 부채꼴의 호의 길이가 같으므로, 오른쪽 부채꼴의 중심각 b의 크기는 왼쪽 부채꼴의 중심각과 같은 35°예요.

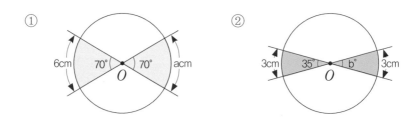

• 원 **O** 67쪽   • 부채꼴 **O** 69쪽   • 중심각 **O** 48쪽   • 호 **O** 68쪽   • 정비례 **O** 132쪽

부채꼴의 호의 길이
부채꼴의 호의 길이 구하기

하나의 원에서 부채꼴의 중심각의 크기와 호의 길이가 비례한다는 것을 이용해 부채꼴의 호의 길이를 구해 보아요.

아래의 그림처럼 원의 반지름을 r, 중심각의 크기를 x, 호의 길이를 l이라고 할 때, 원의 둘레의 길이인 원주﹡는 (지름)×(원주율)=2r×π=2πr이에요.

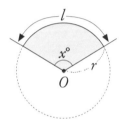

중심각이 360°인 원의 원주가 2πr이면, 중심각이 x인 부채꼴의 원주 l은 어떻게 될까요? 중심각의 크기와 호의 길이는 정비례한다고 했으니, 비례식을 이용해서 구할 수 있어요.

$$l:2\pi r = x:360°$$

$$l = 2\pi r \times \frac{x}{360°}$$

﹡ 원주 ○ 70쪽

부채꼴의 넓이
부채꼴의 넓이 구하기

하나의 원에서 부채꼴의 중심각의 크기와 넓이가 비례한다는 것을 이용해 부채꼴의 넓이를 구해 보아요.

아래의 그림처럼 원의 반지름을 r, 중심각의 크기를 x, 부채꼴의 넓이를 S라고 할 때, 원의 넓이는 (반지름)×(반지름)×(원주율)=πr^2이에요.

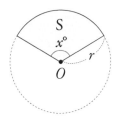

중심각이 360°인 원의 넓이가 πr^2일 때, 중심각이 x인 부채꼴의 넓이 S는 어떻게 될까요? 중심각의 크기와 부채꼴의 넓이는 정비례＊한다고 했으니, 비례식＊을 이용해서 구할 수 있어요.

$$S : \pi r^2 = x : 360°$$

$$S = \pi r^2 \times \frac{x}{360°}$$

＊ 정비례 ● 132쪽 　　＊ 비례식 ● 134쪽

뿔의 겉넓이

뿔의 겉을 둘러싼 도형들의 크기의 합

입체도형˙의 겉넓이˙를 구할 때는 전개도˙를 이용해요. 뿔˙도 마찬가 지예요. 뿔은 옆면과 밑면으로 되어있으므로, 옆넓이와 밑넓이를 구해 서 더하면 겉넓이를 구할 수 있어요.

$$(뿔의\ 겉넓이) = (옆넓이) + (밑넓이)$$

사각뿔의 겉넓이를 구해 봐요. 아래의 전개도처럼, 사각뿔은 옆면이 삼각형, 밑면이 사각형으로 이루어져 있어요.

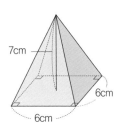 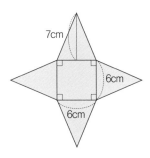

$$(밑넓이) = 6 \times 6 = 36(cm^2)$$
$$(옆넓이) = 4 \times (6 \times 7 \times \frac{1}{2}) = 84(cm^2)$$

$$(겉넓이) = (밑넓이) + (옆넓이) = 120(cm^2)$$

˙ **입체도형 ○** 71쪽   ˙ **겉넓이 ○** 91쪽   ˙ **전개도 ○** 79쪽   ˙ **뿔 ○** 73쪽

뿔의 부피

뿔의 크기

뿔⁎과 기둥⁎의 부피⁎ 사이에는 일정한 관계가 있어요. 밑면이 합동⁎이고 높이가 같은 뿔과 기둥이 있을 때, 뿔의 부피는 기둥의 부피의 $\frac{1}{3}$이에요.

즉, 사각뿔의 부피는 밑면이 합동이고 높이가 같은 사각 기둥의 부피의 $\frac{1}{3}$이고, 원뿔⁎의 부피는 밑면이 합동이고 높이가 같은 원기둥⁎의 부피의 $\frac{1}{3}$이에요.

기둥의 부피는 (밑넓이 × 높이)이므로, 뿔의 부피는 다음과 같아요.

$$(뿔의 부피) = (밑넓이) \times (높이) \times \frac{1}{3}$$

아래 원뿔의 부피를 구해 보아요. 아래 원뿔은 밑면이 합동이고 높이가 같은 원기둥 부피의 $\frac{1}{3}$이므로 다음과 같이 구할 수 있어요.

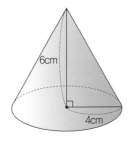

$(밑넓이) = 4 \times 4 \times \pi = 16\pi(cm^2)$

$(뿔의 부피) = 16\pi \times 6 \times \frac{1}{3}$

$\qquad\qquad\quad = 32\pi(cm^3)$

⁎뿔 ○73쪽   ⁎기둥 ○73쪽   ⁎부피 ○91쪽   ⁎합동 ○65쪽   ⁎원뿔 ○73쪽   ⁎원기둥 ○77쪽

구의 겉넓이
구를 둘러싼 면의 넓이

구[*]의 겉넓이[*]는 원[*]의 넓이[*]와 관계있어요. 반지름이 r인 구의 겉넓이는 반지름이 r인 원의 넓이의 4배예요.

$$(원의 넓이) = \pi r^2$$
$$(구의 겉넓이) = 4\pi r^2$$

반지름이 5cm인 구의 겉넓이를 구해 보아요. 이 구의 겉넓이는 반지름이 5cm인 원의 넓이의 4배예요.

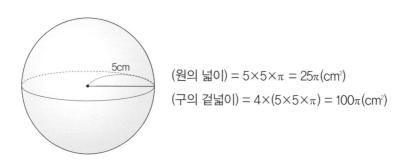

$$(원의 넓이) = 5 \times 5 \times \pi = 25\pi (cm^2)$$
$$(구의 겉넓이) = 4 \times (5 \times 5 \times \pi) = 100\pi (cm^2)$$

[*]구 ○ 77쪽   [*]겉넓이 ○ 91쪽   [*]원 ○ 67쪽   [*]넓이 ○ 83쪽

구의 부피

구의 크기

구˙의 부피˙는 원기둥˙을 이용해 구할 수 있어요.

구의 지름과 높이가 같은 원기둥에 물을 가득 채운 다음 원기둥에 구를 집어넣으면 물이 흘러넘치는데, 이때 흘러넘친 물의 양이 바로 구의 부피예요. 그런데 흘러넘치고 남은 물의 양을 재보면 처음의 $\frac{1}{3}$이에요. 즉, 구의 부피는 원기둥 부피의 $\frac{2}{3}$임을 알 수 있어요.

원기둥의 부피는 밑넓이와 높이를 곱한 것이므로, 이것을 이용해서 구의 부피를 구할 수 있어요. 반지름을 r이라고 할 때, 구의 부피는 다음과 같아요.

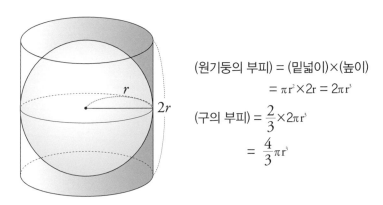

(원기둥의 부피) = (밑넓이)×(높이)

$= \pi r^2 \times 2r = 2\pi r^3$

(구의 부피) $= \frac{2}{3} \times 2\pi r^3$

$= \frac{4}{3}\pi r^3$

• 구 ◐ 77쪽   • 부피 ◐ 91쪽   • 원기둥 ◐ 77쪽

아르키메데스는 평생 기하학을 무척 사랑했고 소중하게 생각했어요. 그래서 죽는 순간까지 도형을 연구했어요.

아르키메데스의 묘비에는 3가지 입체도형(원기둥, 구, 원뿔)이 새겨져 있는데 이 도형들의 부피 사이에는 일정한 수학적 비율이 있어요.

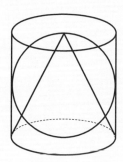

*원기둥의 부피 = 원의 밑넓이$(\pi r^2) \times$ 높이$(2r) = 2\pi r^3$

*구의 부피 = $\frac{2}{3} \times$ 원기둥의 부피 $= \frac{2}{3} \times 2\pi r^3 = \frac{4}{3}\pi r^3$

*원뿔의 부피 = $\frac{1}{3} \times$ 원기둥의 부피 $= \frac{1}{3} \times 2\pi r^3 = \frac{2}{3}\pi r^3$

원기둥의 부피 : 구의 부피 : 원뿔의 부피 = 3 : 2 : 1

찾아보기